U0181851

设计的力量

「売る」から、「売れる」へ。
水野学のブランディングデザイン講義

水野学 著

牛晨雨 译

北京联合出版公司
Beijing United Publishing Co.,Ltd.

我在庆应义塾大学湘南藤泽校区共举办了14次“品牌推广策划”讲座。本书是基于其中4次主要讲座，重新编写而成的。

CONTENTS 目录

CHAPTER - 1

第 1 讲　明明是好产品，为什么卖不出去

设计视角，任何工作都不可或缺　/ 002

从设计角度提供咨询服务　/ 004

塑造“畅销”的两个方法　/ 013

商品“选择困难”的时代　/ 015

所谓品牌，就是“调性”　/ 018

苹果，一切都“很酷”　/ 021

需要“精通设计管理的人才”　/ 024

CHAPTER-2

第2讲 人人都可以成为设计师

为何对“美大”怀有莫名的敬畏 / 036

品味究竟是什么 / 039

了解王道、经典 / 043

“市场甜甜圈化”正在发生 / 045

把握流行趋势 / 051

站在“消费者的角度”思考 / 055

“理念”是“指引创作的地图” / 058

找到共同点 / 062

没有无法解释的设计 / 067

CHAPTER-3

第3讲 品牌推广蕴含巨大能量

不以立异惊天下 / 074

起用约翰·杰伊的原因 / 078

出于经营考虑，还是出于创意考虑 / 083

品牌推广只是手段 / 085

怎样才能变得更有吸引力 / 088

未经请求的提案 / 090

为什么连纸箱都要设计 / 094

“目的”和“抱负”是企业活动的出发点 / 104

“抱负”让企业的视野更开阔 / 105

企业经营离不开设计 / 110

CHAPTER-4

第 4 讲　如何发掘“畅销魅力”

给品牌“穿上合适的衣服” / 116

将时间花在“完成度”上 / 121

东京中城的“调性” / 123

东京中城的“好人人设” / 128

拍出宇多田光的“调性” / 132

极致的展示不需要刻意 / / 138

越是认为正确，表达越要慎重 / 143

品牌推广就是外观设计管理 / 154

客户关心的是基于数据得出的结论 / 171

如何让设计成为自己的撒手锏 / 174

后记 / 181

第

1

讲

明明是好产品，为什么卖不出去

设计视角，任何工作都不可或缺

大家好，我是 good design 公司的水野学，现任庆应义塾大学特聘副教授，从 2012 年开始在湘南藤泽校区（SFC）授课。

今天要讲的这门课程，正如“品牌设计”这个名称一样，以设计为主题。虽然在座的诸位，将来可能没有多少人会真正吃“设计师”这碗饭，但无论大家今后从事什么工作，从设计的角度看待和思考问题都是非常必要的。我为什么这么说呢？设计视角和思维方式又如何应用呢？希望通过这门课程，大家能够找到这两个问题的答案。

在进入正题之前，请允许我先简单介绍一下自己。1972 年，我出生于东京，不久就搬到了茅崎市，之后一直在这里长大。

在小学五年级时，我不幸遭遇了交通事故。不过，这也成了一个契机，自此之后，我便立志要走“设计”这条道路了。我自小就“野”惯了，很喜欢无忧无虑地在山里窜来窜去。然而，由于突发事故，我不得不老老实实在家待了好几个月。为了打发时间，我做了许多塑料模型和手工。在不知不觉中，我自己竟然喜欢上了制作和设计，并由此萌生了“长大后从事设计工作”的想法。

就这样，高考落榜一年后，我进入了多摩美术大学，学习平面设计专业。因为一直很喜欢运动，所以加入了学校的橄榄球社团。我很积极地参加训练，然而，可能由于练习过猛和交通事故造成的老伤，我患上了腰痛的毛病，不久脖子也开始疼，久坐就会很难受……

毕业后，我很幸运地成了一名设计师，然而因为不能久坐，所以 25 岁时我就辞职了。既然没办法在公司正常工作，那只能自立门户。于是，1998 年时，我创立了 good design 公司。没有在知名设计公司长期工作的资历和丰富经验，也没有近距离接受过天才设计师的熏陶，可谓真正的“白手起家”，我必须一切都从零开始。

在这门课上，我想和大家谈谈我在创业过程中所学到的和体悟到的东西。在设计以外的其他方面，如果这堂课也能给大家提供一些参考，那就再好不过了。

从设计角度提供咨询服务

迄今为止，我都从事过什么类型的工作呢？

首先举几个大家比较熟悉的例子。NTT DoCoMo推出的通过手机进行信用卡支付的“iD 业务”，三井不动产开发的“东京中城”项目，它们的品牌推广工作我都参与了。此外，2016 年，我参与了奈良老字号工艺品制造商“中川政七商店”300 周年庆典、有机棉品牌“TENERITA”等品牌的推广。

此外，我还曾任东京高速“TOKYO SMART

DRIVER”和宇多田光专辑的艺术指导；设计了熊本县吉祥物“熊本熊”；和杂志 *VERY* 合作，参与了可载儿童自行车（增加了儿童座椅，可乘坐 2~3 人的自行车）的产品开发。

最近来自日本之外的工作也有所增加，比如我曾花费数年心血，对中国台湾地区 7-11 便利店自主品牌的商品包装进行了更新。

根据刚刚的描述，大家可以发现，目前我从事的工作范围非常广泛，其内容大致可以分为两类。其一是设计，包括以广告、商标、商品包装为代表的平面设计、产品设计、店铺空间的设计等。我原本就是设计师，做这些工作可以说是顺理成章的。另一类工作则有些特别，主要是为企业提供咨询服务。具体来说，就是从设计的角度，帮助企业解决商业方面、经营方面的难题，例如“如何提高销售额？”。

说到咨询服务，大家往往会觉得它们主要基于有关经营和企业的理论，因此或许会有些诧异，我这样的设计师如何涉足这些业务。其实我的撒手锏正是设计与创意。

NTT DoCoMo “iD”

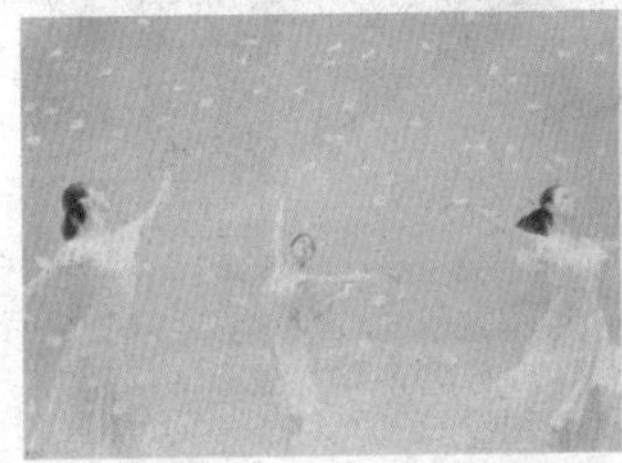

东京中城（Tokyo Midtown）

中川政七商店

TENERITA

熊本县吉祥物“熊本熊” ©2010 熊本县熊本熊

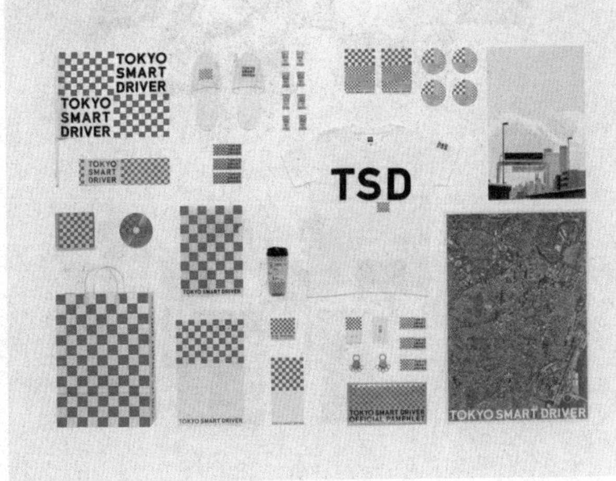

东京高速“TOKYO SMART DRIVER”

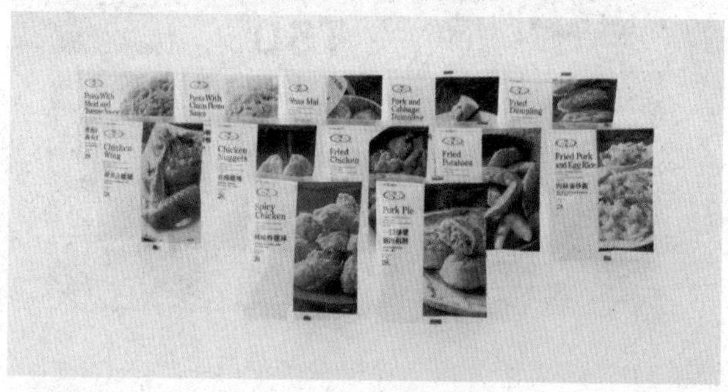

台湾 7-11“7-SELECT”

作为顾问，我的工作就是利用设计的力量，最大限度地挖掘品牌的潜力，努力使商品从“产品”转变为“爆品”，详细情况我将在下文中进行说明。

其实，这种思维正是本书的主题“品牌设计”的要义。当然，这并不只适用于特定行业或部分企业。无论大家今后从事什么工作，都有必要提高业绩，提高知名度，提升形象。现在备受瞩目的“地方创生”及“行政一线”自不必说，非营利组织也一样，即使不追求利益，也必须将自己的活动内容、理念等准确地传达给社会。那些不进行市场交易的东西，在广义上也有以“爆品”为目标的必要。

塑造“畅销”的两个方法

当然，我认为想要打造“爆品”，不能仅仅依靠品牌的影响力。从我的经验来看，打造“爆品”其实是有章可循的。

其一就是“发明创造”。就像iPod首次问世时那样，如果产品本身具有全新的价值，仅此就有可能成为“爆品”，我们所需要做的就是创造这样的产品。不过，完全没必要从零开始创造新的产品，可以将两种或者多种产品的功能进行合并，也就是说，可以通过组合已有的东西来创造新的产品。当然，这只是听起来不难，要想创造出被世人视为“发明”的东西，绝非易事……

打造“爆品”的第二个方法就是“宣传造势”。在社会上掀起热潮，从而使产品成为热点话题，广告宣传活动的目的就在于此吧。通过媒体进行大肆宣传，使之变成街头巷尾热议的东西，这样就能让产品成为“爆品”了。反过来说，不能引发流行趋势的广告，几乎就没有什么意义了。

如果是在前几年的话，仅仅通过“发明创造”和“宣传造势”这两种方法就足以塑造“爆品”，然而这些套路最近逐渐失效了。

显然，在现在这个时代，仅仅着眼于功能、规格等方面，产品想做出有明显差异化的地方已经非常困难了。能够解决生活“痛点”的基础产品，基本上都已经被“发明创造”了，其技术也越发成熟，无论哪家企业的产品在品质上都有一定的保证。

由此带来的结果就是，“价格战”似乎已经难以避免了。因为，不管在功能、规格等方面多么努力地谋求差异化，在消费者看来，这些“差异”都是微不足道的。如果硬着头皮“为了差异化而差异化”，那么做出的东西就会异常奇怪，没有人会埋单。

商品“选择困难”的时代

让我们一同回顾历史，详细谈谈这个问题。从 20 世纪 50 年代中后期开始，日本经济进入了高速增长阶段，那时“电视、冰箱、洗衣机”在日本被称为家中的“三种神器”。20 世纪 60 年代，“彩电、汽车、空调”又被称为“新三种神器”。在那个时代，人们生活中的许多“痛点”还没得到解决，而技术还在不断发展，因此每种新产品都包含不少“发明创造”的元素。当时，虽然还没有到产品一经发售就到“爆品”的程度，但新商品很容易让消费者产生购买欲。

随着时代的进步，产品的功能越来越全面，价格也越来越合理。由于经济上的逐渐富裕，日本家庭普遍愿意购买能使生活变得更方便的产品。在这个阶段，消费者的观念也发生了变化，比如“想要某某公司的电视”“想要某某公司的汽车”。因为每种商品都具备不同的功能和规格，所以人们会连带地关注生产它们的各家企业，这是一种很常见的消费者心理。企业开始注重 logo 标识、制作企业广告，致力于扶助公益事业（支持发展文化和艺术），强调“与其他公司的差异”。据说最先在日本掀起这股风潮的是日本电气（NEC）。这就是所谓的企业形象提升战略，特别是在泡沫经济时期，许多企业重视 CI（Corporate Identity，企业形象）策划，因此被称为“CI 热潮”。

然而，当人们终于开始意识到品牌等方面的价值时，泡沫经济崩溃了。自 20 世纪 90 年代开始，日本经济在之后的 20 年里一直处于持续低迷的泥潭中。企业逐渐把业务的高效化视为首要目标，好不容易萌生的个性化意识则被置于次要位置。在通货紧缩逐渐加剧的环境中，商品低价化的趋势越来越明显。

另外，随着全球化程度的加深和数字化技术的出现，信息以惊人的速度流通，企业的竞争对手也从日本国内扩展到了世界各地。总之，现在物美价廉的商品堆积如山，简直可以说达到了“饱和”状态。换言之，功能和规格已经很难成为消费者选择产品的标准了，因为每一种产品都很好，相互之间几乎没有差别。

在日本，“只要制造出好东西应该就能畅销”的“工匠信仰”根深蒂固。确实，制造出“好东西”是很重要的，但现在如果仅仅依靠这个，很难让消费者埋单。

所谓品牌，就是“调性”

虽然开场白有点长了，但我们毕竟生活在这样一个时代。要想让产品成为“爆品”，“打造品牌”是十分重要的。

以手表为例，百元（日元）店卖的手表也具备显示时间这一基本功能，不过，这并不意味着劳力士无人问津。究其原因，这正是品牌的力量。虽然大牌所使用的原材料确实价格不菲，但品牌溢价所带来的收益已经远远超过了原材料方面所增加的成本。

那么，拥有这种力量的“品牌”究竟是什么呢？

在《广辞苑》中查找“品牌”一词，最先出现的释义就是“烙印”。“品牌”原本是指盖在牛马等家畜身上的“烙印”。为了避免放牧时自家的牛和隔壁农场的牛混在一起，或者在品评会上难以分辨，就会在牛的身上印上自家农场的名字作为标记，这就是“品牌”一词的词源。

紧接着出现的释义是“商标”，接下来是“驰名商标”。总而言之，品牌就是能够表现企业本身所具有的个性、特征和独特味道的东西。综合考虑，个人认为“所谓品牌，就是‘调性’”。

有时看到某件商品，我就会觉得“很像某企业的产品啊”，有时也会觉得“不像某企业的产品”，我想，大家肯定也有过类似的经历吧。我所说的“调性”指的就是这个。或许也可以说，这是大家脑海中对某个企业和产品的印象，但这种印象并不是来自粉饰后的假象。

说到品牌，也许有人首先想到的就是所谓的大牌，但品牌并不仅仅是指大牌，还包含一些更本质的东西，比如企业和商品最本源的理念与目标所蕴含的独特魅力。如果能将这一点清晰地传达给消费者，消费者就会与品牌产生共鸣，从而产生购买欲。

这种印象是如何构建的呢？如果用比较形象的方式来阐述，我认为这就像在河滩上堆石头一样，不是一块大石头，而是几块小石头以微妙的平衡堆积在一起，形成一座山。品牌就是这样建立的。

每一块石头都是企业的输出，比如产品本身、包装设计、广告、店铺空间设计等，正是企业的这些输出塑造了品牌。因此，如果想要打造一个品牌，就必须对该企业和商品“目之所视、耳之所闻、体之所感的所有细节进行设计”，再细细打磨，方能成功。

“所谓品牌，就是外观设计管理。”

即使煞费苦心地提出了高大上的品牌理念，如果展示理念的网页设计得很差，让人怀疑其品位，那么企业也无法获得消费者的认可。再举一个例子，当生产一线的卫生安全受到质疑时，如果其企业经营者穿着邋遢地接受电视台采访的话，那么很可能会招致更多消费者对其产品的怀疑。

我不是造型师，因此在日常工作中，并不会想着如何通过穿着让自己看起来更像社长。然而，如果我所参与的品牌推广的企业面临这样的问题，即使借助专家的力量，我也会想办法解决的。

总而言之，就是要对世人所能看到的一切进行设计管理，使企业呈现出最理想的状态，这就是“打造品牌”。

苹果，一切都“很酷”

苹果可以算是将这种“外观设计管理”做到极致的企业之一。

已经有很多人在不同地方剖析了苹果成功的原因，比如，开创了崭新的电脑门类——平板电脑，改变了人们享受音乐的方式，等等。我认为，“产品很酷”其实也是很重要的一个因素。

环顾四周，你就可以发现，拥有 iPhone 的人占绝大多数，在个人电脑方面也同样如此，使用 Mac 的人占压倒性多数。苹果的产品在同品类中并不算便宜，如果只看规格的话，其他企业会推出价格更实惠、规格更高的产品。

在这种情况下，为什么苹果会如此受欢迎呢?

我觉得这正是因为其“产品很酷”。

更进一步说，其实酷的不仅仅是产品，苹果所有的输出都“很酷”。位于纽约、东京银座等地的苹果零售店的建筑风格“很酷”，苹果的网站“很酷”，其商品的包装方式也“很酷”。正是因为一切都“很酷”，所以在推出新产品的时候，消费者都充满了期待，并觉得“肯定会发售‘很酷’的东西”。多亏了苹果对外观一丝不苟的设计管理，其“审美好”“追求创新”的形象才真正地在消费者心中扎根。

另外，近年来，戴森也致力于通过设计提升品牌影响力。众所周知，戴森是世界上第一个发明了气旋式吸尘器的人。虽然最初这项发明在国际产业设计展销会上屡获殊荣，但没有得到主要制造商的青睐，戴森只好自己生产和销售。在这样的背景下，戴森的技术备受关注，实际上，其设计的演示方式也非常出色。比如，戴森吸尘器气旋部分的外壳是透明的，可以看到里面的样子，这并不是为了提升性能，而是为了展示产品所具备的先进技术而特意为之。正是借助这种设计，戴森强化了很多人对它的印象："戴森是技术控。"戴森就是这样塑造了自己的品牌形象。

顺便说一下，虽然我一直在强调设计，但是我认为设计分为"功能设计"和"装饰设计"两种。顾名思义，两者的区别就在于，一种是为提升性能而设计，另一种则是为了装饰而设计。以刚才提到的戴森吸尘器的气旋部分为例，里面的结构属于"功能设计"，但是透明的外壳则属于"装饰设计"。因为就性能而言，没有设计成透明的必要。这种处理就是在有意识地"展示内部"，因此属于"装饰"的范畴。

就我的经验来看，在设计方法所出现的差错，往往就是因为将"功能设计"和"装饰设计"混为一谈了。举个例子，假设大家在补习班工作，制作招生传单时，如果最先考虑的是"选用什么颜色"，那么肯定无法做出好的传单，因为重点不明确。

即使是小小的传单，也需要考虑两方面的要素："功能设计"方面，如何让所传达的内容明了易懂；

“装饰设计”方面，如何让人感受到魅力。如果不将这两种设计要素分开考虑的话，就可能导致视觉效果很美，但受众接收不到传单想传达的内容，或虽然清晰地传达了想要传达的内容，但没有魅力。在这两种情况下，传单都很难发挥其应有的“功能”。

实际上，在此之前，有必要搞清楚“应该传达的内容是什么”。可以先将信息整理一下，比如，最想传达的重点信息是A，第二重要的是B……首先将信息进行重要性排序，在此基础上，考虑如何进行功能设计，突显那些最重要的信息。完成上述工作后，再考虑如何进行装饰设计，使传单更具魅力。

需要“精通设计管理的人才”

刚刚说了一些题外话，不过在现在这个时代，要想让产品“畅销”，打造品牌是很重要的，为此就有必要进行“外观设计管理”，我想大家应该都

苹果零售店（纽约 第五大道）©Apple

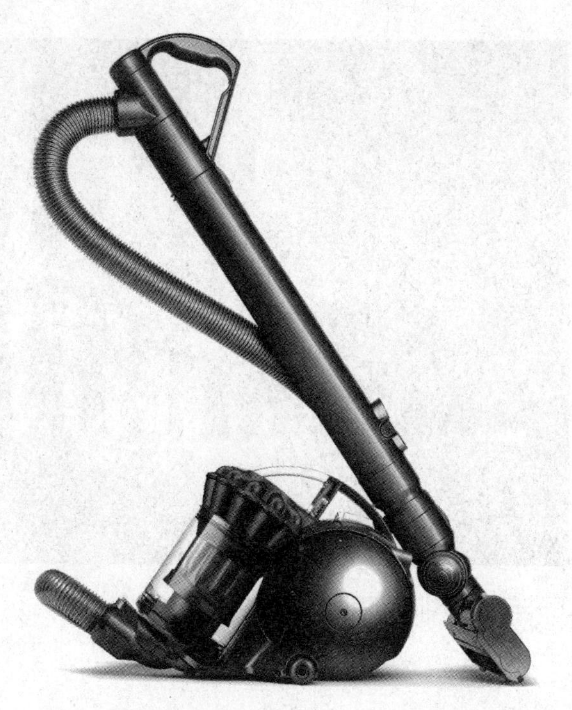

戴森 DC48 涡轮头 ©Dyson

明白这一点了吧。

那么，这就需要“精通设计管理的人才”，也就是能够判断包括设计在内的创意好坏的人才，目前的商业领域急需这样的人才。

作为企业顾问，我所参与的正是这方面的业务。现在无论去哪家企业，基本上都要和社长直接沟通。在与高层的交流中，经常需要决定新创意概念的发展方向，产品如何设计，如果要打广告的话，要找哪家广告代理商作为合作伙伴。越来越多的人开始意识到，设计很重要，品牌推广很重要。

将我从事的工作按照职业划分的话，从管理视觉效果的意义上来说，算是艺术总监；从设计角度来说，也算是设计师。如果考虑到把这些都包括在内，对创意整体进行判断的话，应该算是创意总监吧。不过，根本目的还是打造品牌，因此不仅要充分理解企业的创意，还需要站在社会角度制定品牌战略……

说实话，这里所说的创意总监，也可以说是创意顾问，目前这个职位仍有很多空缺。从我的切身感受来看，很多地方、很多企业都非常需要这类人才，然而缺口巨大，仅有1%的需求得到了满足。

之所以出现这种情况，我认为核心原因是，大众对设计领域仍抱有偏见和误解。大家都随意地断定，设计和艺术只能诞生于才华和感性的世界，自己无法理解。人们还认为，只有毕业于美术大学的专业创意设计人士才适合做这类工作，东京大学、京都大学、庆应义塾大学、早稻田大学等大学毕业的人不应参与其中。

然而，事实并非如此，我把这种奇怪的误解称为“品味情结”或“设计情结”，其实没必要在意这种东西。在《品味，从知识开始》一书中，我曾讨论过这一点，很多人下意识地认为品味“和自己没关系”，因而对这类工作敬而远之。其实品味绝不是与生俱来的才能，也绝不纯粹感性的产物，只要努力，人们一般都能掌握。

因此，诸位今后步入社会时，既可以作为创意总监致力于品牌推广，也可以成为“以设计为武器”创造自己品牌的企业家。也许，最能体现这一点的就是创造了苹果的史蒂夫·乔布斯。

总之，设计并不是“只有懂的人才能懂的东西”，在下一讲中我会详细谈谈“品味”，以及消除这种情结的方法。

作者相关作品著作权

NTT DoCoMo“iD”2006年/商标、名称、交通广告 CD、AD：水野学 D：good design company、曾原刚 CD、C：友原琢也 C：太田惠美 PH：杉田知洋江、片村文人

东京中城管理/交通广告、馆内广告

CD·AD：水野学 D：good design company PR：水野由纪子、井上喜美子

“Tokyo Midtown DESIGN TOUCH 2008”2008年 C：渡边润平

“OPEN THE PARK 2009”2009年

C：蛭田瑞穗

“MIDTOWN BLOSSOM 2009”2009年

PH：藤井保 C：蛭田瑞穗 ST：Sonya S.Park HM：加茂克也 A：市田喜一

“MIDTOWN ♡SUMMER 2009”2009年 PH：泷本干也

C：渡边润平

“MIDTOWN ♡SUMMER 2010”2010年 PH：泷本干也

C：蛭田瑞穗

“Tokyo Midtown 5th Anniversary”2012年

C：蛭田瑞穗

“MIDTOWN ♡SUMMER 2013”2013年

C：蛭田瑞穗

中川政七商店“中川政七商店 LAQUE 四条乌丸店”2010年/店铺设计

CD、AD：水野学 店铺设计：服部滋树

兴和“TENERITA”2014 年 / 商标、徽标、购物袋、商品目录

CD、AD：水野学 D：good design company PH（商品摄影）：铃木阳介

熊本县吉祥物“熊本熊”2010 年 / 策划提案、名称、设计

CD・AD：水野学 PH：首藤荣作

首都高速“TOKYO SMART DRIVER”2007 年 / 商标、交通广告、商品等

CD：小山薰堂 CD、C：岛浩一郎 AD：水野学 D：good design company

C：渡边润平、小乐元 PR：山名清隆、轻部政治 策划：萩尾友树、内田真哉、大地本夏、森川俊

统一超商 Tokyo Marketing 台湾 711“7-SELECT”2010 年 / 包装

CD：水野学 D：good design company PH：大手仁志 PR：水野由纪子、井上喜美子

* 本书英文缩写的含义如下：CD= 创意总监、AD= 艺术总监、D= 设计师、C= 广告撰写人、PR= 制作人、PH= 摄影师、ST= 造型师、HM= 发型师、A= 美工

第

讲

人人都可以成为设计师

为何对“美大”怀有莫名的敬畏

由于工作的缘故，我需要与形形色色的企业高管打交道。即使是非常精明卓越的高管，其中也有不少人一提到设计就三缄其口。每次谈到设计，他们突然就不能清楚地表达自己的看法了，这真让人感到不可思议。

在学生时代，我就有过类似的感受。那时，我曾背着行囊去各式各样的国家“穷游”，在欧洲等地住过被称为“dormitory”的廉价旅馆。若是碰巧和几个日本人同住一个房间的话，往往会聊得非常投机，比如说会聊到“去了哪个国家”“什么地方最值得去”等话题。当这些话题告一段落时，就会谈到彼此的身世了，类似于“你现在是做什么的？我是学生”这样的对话。

接着就是互相试探了，这可是一个不太令人愉快的阶段。“我是早稻田大学的。”“哦！”“我是庆应义塾大学的。”“哦！”“我是东京大学的。”“哦！”

轮到我时，每当我回答“我是多摩美术大学的”时，大家都会惊叹：“欸，美大？好棒啊！”然后气氛就有些凝固，稍过片刻，话题就很生硬地转到其他方面了。

确实，即使回答“东京大学”，话题也会结束，但显然大家的反应与我所遇到的情况肯定不一样。这是为什么呢？那时，我未能找到答案。

现在，我明白了。在备战高考时，大家都把美术这门学科当作“与自己无关的东西”抛弃了。因此才会认为，对于自己而言，多摩美术大学的学生所属的领域太陌生了。的确，一直以来社会上都有着这样的共识，只要不上多摩美术大学，高考就不会考美术，进入社会和企业后，美术也用不上。

反过来说，在多摩美术大学要学习的——艺术和设计，都是“只有懂的人才看得懂的东西”，这种刻板印象早已深入人心，也包括在本节开头我提到的那些公司高管。他们都认定自己不懂美术和设计，那是“与自己无关的东西”。

举个例子，在和企业负责人的交涉中，每当我给对方看设计方案，询问其意见时，即使是比我年长得多、业绩斐然的人，在提出观点之前，也必然会用“我没有品味，不知道……”这样的言辞来为自己辩解，总觉得不应该发表意见。

我把这称为“品味情结”或“设计情结”，如果有这样的情结，就很难恰当地使用、灵活地运用设计。

设计师对我说：“这个很好，但我很难向您解释清楚哪里好，这是我身为设计师的直觉。”我回答：“啊，是这样啊，那……”如果我就这样不明不白地就接受了，那么设计方案的推进肯定会很不顺利。当然，我认为这样的设计师也有问题。

正如我在第一讲中所说的那样，我们正在进入“不懂设计就寸步难行”的时代。在商业世界中，设计变得前所未有的重要，因此为了能够灵活地运用设计，必须尽快从这种“品味情结”和“设计情结”

中解放出来。为此，在本讲中，我将为大家讲解一下必要的思路。开场白有点长了，现在进入正题。

品味究竟是什么

首先，我想从这个问题的根源讲起。

从刚才开始，我就反复说到了“品味”这个词，那么品味究竟是什么呢？我们在小学、初中、高中都上过手工和美术课，但从未学过有关品味的知识吧。

顺便一提，我觉得有两样技能在进入社会后非常重要，但在学校却学不到，那就是“品味”和“统筹”。

合理统筹也十分重要，比如说，现在有两项工作，截止日期分别是“今天”和“明天”。如果先做“明天截止”的工作，一旦进展不顺的话，“今天截止”的工作就极有可能出现逾期的情况。因此，这种时候就要先做“今天截止”的工作。虽然现在看来这是理所当然的安排，但学校并未教给我们这些。

同样地，我认为，如果在学校有机会学习与“品味”有关的内容就好了，特别是在当下这个时代，进入社会后，我们的生活离不开品味。问题是我们如何定义品味。

对于这个问题，我花费了不少时间进行深入研究……在人们谈到品味时，基本上都会伴随着“好”“差”这样的形容词。比如，“你的品味真好啊”“那家伙穿衣服的品味真差呀”，等等。对此我就感到十分疑惑，所谓品味，是否可以用“好”“差”来界定呢？

例如，我的朋友很喜欢某位音乐家的音乐，但我并不觉得有多好。那么，那位音乐家的音乐品味是“好”还是“差”呢？如果问我的朋友，他一定会回答“好”。然而，若是问我，我会回答“差”。也就是说，对于品味问题，人们很难依据客观标准来判断是“好”还是“差”。品味不能用“好”“差”

来界定，那么，品味究竟是什么呢？

我觉得很奇妙，于是多加思索，最终得到了下面的结论。

“所谓品味，就是基于知识储备进行优化的能力。”

这句话是什么意思呢？就是说在做选择或决定时，我们依赖的并不是与生俱来的才能，而是根据自身的知识储备来寻求最优解。

具体来说，经常被夸“时尚”的人，原本就有着丰富的时尚知识。在此基础上，根据 TPO（T 即时间，P 即地点，O 即场合）原则、体型等各种条件，对穿搭进行优化，这不就是品味吗？

画画也是一样。我家孩子现在六岁了，如果让他“试着画一只长颈鹿”，那他画的动物形象肯定是黄色身体上带有黑色或棕色斑点。实际上，长颈鹿身体的颜色与蜡笔的黄色相去甚远，花纹也不是斑点而是网格，但大致可以看出“画的是长颈鹿”。

为什么他能画出那样的画呢？那是因为他知道

长颈鹿的特征，并按照自己的方式进行了优化，这就是我刚刚所说的品味。

如果更详细地学习有关长颈鹿的知识，那么他的画应该也会发生变化。倘若能够精确地掌握长颈鹿身体的颜色、花纹和细节的形状，他的绘画水平自然就提高了。从这件事也可以看出，如果想要拥有品味，首先要积累知识。

反过来说，只要努力就能拥有品味。我认为品味绝不是与生俱来的才能，它几乎全靠后天培养。

当然，在成长环境中，我们会自然而然地积累有关特定事物的知识，从这个意义上来讲，品味也受到了近似于“先天”因素的影响。

比如说，由于父亲非常喜欢电影，孩子从小就是看着电影长大的，他们自然会不自觉地积累大量关于电影的知识。若是让这样的人推荐电影，人们的期待几乎不会落空，或许还会因此评价“那个人的观影品味很好”。

不过，这还是后天培养出来的能力，即使有先天因素的影响，也只是一点点。我觉得就像紫菜盐一样，并非决定性因素。俗话说“天才就是 99% 的汗水加上 1% 的灵感”，我想品味也是一样的吧。

了解王道、经典

当然，我也不例外。由于职业性质的关系，人们常常认为，我凭借天赋才能取得了成绩。正如我刚刚所说，灵活运用后天积累的知识才是我最大的仰仗。

在设计这一领域展现品味，换一种说法，就是“在储备设计知识的基础上进行优化”。那么，该如何培养这种品味呢？我认为有三种方法：一是“了解王道、经典”，二是“把握流行趋势”，三是“找到共同点”。

明确想要培养品味的领域，大量接触相关信息，再一点点地将其转化成知识就行了。当然，人不是计算机，不加分辨地胡乱积累知识是很困难的。因此，在读书、看资料、在网上查找信息时，要明确自己的主题。基于我提到的这三种方法，用这样的眼光看待信息就会有所侧重，不仅便于积累知识，还能整理知识，可以说是一举两得。

那么，我将按照顺序一一说明，首先从“了解王道、经典”这一方法开始。在我的工作中，每个项目涉及的企业和产品都不一样，行业和市场的情况也不尽相同，因此每次开始新的项目时，我都会探寻其中的“王道、经典”是什么。那时，我特别注意的是，尽量保持客观。

我一边大量查阅文献、资料，一边试图弄清大部分人觉得“是王道、是经典”的东西是什么。因为只要能找到“王道、经典”，就能洞察标准。正因为明白了什么是“基准”，也就是零点，所以才能辨别奇特的东西和奇怪的东西，从而在这一领域，对各种事物进行“定位”。

“市场甜甜圈化”正在发生

实际上，在这样不断探索“王道”和“经典”的过程中，我渐渐明白了一件事，那就是“差异化”的弊端。

在市场充斥着琳琅满目的竞品的情况下，我们不能推出完全相同的产品，因此确实有必要考虑差异化。然而，不知为何，说到差异化大家都会认为“必须要创造出世上还没有的东西”。在下一讲中，我会展开谈谈这方面的详细情况。简而言之，其结果往往是在产品上添加消费者不需要的奇怪开关，进行奇怪的设计，做出奇怪的东西……

当然，因为这样的产品不符合消费者的需求，所以很难成为“爆品”。“产品卖不出去”的背后，一般都隐藏着这样的误解。另外，这并不是只涉及部分企业的特殊情况，整个商界其实都存在这样的倾向。这种状态恐怕已经持续 20 多年了。

那么，这样下去会发生什么呢？消费者真正想要的“中心部分”的商品不见了，市场的中心位置出现了空缺，我把这称为“市场甜甜圈化”。

意识到这一点，我们决定自己提供那些“空缺”的商品。于是，我和我的客户——中川政七商店的中川淳先生及产品设计师铃木启太先生三人共同发起的名为“THE”的项目。“the”是英语中的定冠词。

说“The·○○”[①]的时候，就带有“王道”或者“经典”的意思吧。这个项目的理念也是如此，我们希望经营的每一样产品都可以被归为“王道、经典”。我们的产品品类包括玻璃杯、衬衫等，都是日常生活用品，为了让每一类产品都能被称为“THE GLASS”“THE SHIRTS”，我们还致力于产品开发，将店铺打造成名副其实的“THE SHOP”。

今天，我穿着其中的“THE SHIRTS”，看起来很普通吧？

然而，为了使其能被冠以“THE”之名，我们特

---

① ○○表示内容不定，可以替换为后文的GLASS、SHIRTS等词语。

意请帕坦纳先生做了很多细微的调整。帕坦纳曾就职于川久保玲（comme des garcons），现自立门户了。我们使衬衣的衣领介于流行和保守之间，版型和大小都恰到好处，还将袖孔稍稍做细，看起来很秀气。

当然，在功能方面我们也下足了功夫。考虑到要便于解开和扣上纽扣，我们采用的是下方有圆形小孔的“鸠眼型”扣眼，这种扣眼通常用于夹克，并且采用了“鸟脚型”缝合方式，使得纽扣的下方更加稳固。另外，为了避免纽扣脱落，我们还在纽扣下面缠上了线，由于机器加工容易造成磨损，这部分工作都是纯手工进行的。当然，对于品牌 logo 我们也进行了精心设计，选择了让人觉得“这就是THE”的字体，即专业设计师大多都知道的著名字体“Trajan”。这个字体是基于古罗马五贤帝之一的特拉亚努斯（Marcus Ulpius Nerva Traianus，即图拉真）大帝时代的石碑文字设计的。

为什么说这个字体会让人觉得这就是“THE”呢？因为目前特拉亚努斯大帝的石碑被公认为人类字体意识觉醒的开端，可以说世界各地字体的原点就是

THE “THE GLASS”

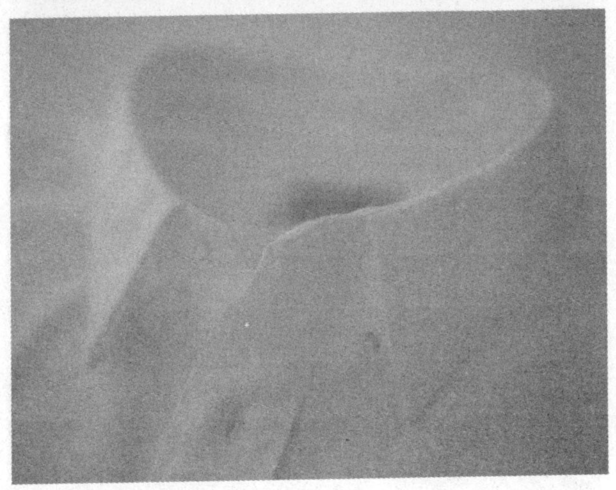

THE “THE SHIRTS”

“THE SHOP”（上图 KITTE 内）与“THE CORNER@ISETAN”（下图 东京中城 ISETAN SALONE 内）

它，顾名思义，它就是字体的王道。

我们希望能够通过“THE”这个项目，在追求差异化的社会中发出另一种声音，同时也希望能创造出“基准”，就像牛仔裤中的李维斯 501 一样，我想创造并展示零点。正如我刚才所说，正是因为我们明确了标准，才会看到差异和跨度。

把握流行趋势

接下来，我想谈谈提升品味的第二个方法，“把握流行趋势”。简而言之，这与“了解王道、经典”相反，需要积累的是当下潮流的相关知识。为此，我们不仅要参考杂志等资料，而且平时对各种东西都要保持时尚敏锐度。

虽然流行大多是一时性的，但严格来讲并不都是与“王道、经典”完全相反的东西。在潮流中也潜藏着未来的经典，随着时代的发展，各个品类的经典也会发生变化。比如说，以前最常见的电话是黑色固定电话，现在则是智能手机。我们在把握流行趋势的同时，还要敏锐地洞察这种“王道、经典”的变迁。

如果在参与某个项目时，有必要把握流行趋势，那么你可以大量收集、阅读有关即将开发或设计的产品的资料，或者多倾听用户的声音。

另外要特别注意的是，“倾听”的重点不是基于数值统计的定量调查，而是要能清楚地听到每个人的意见和想法，这样就能更细致地把握现在的流行趋势，也能看到潮流背后隐藏的“人们所追求的东西”以及“人们的想法和心情”。

以我的亲身经历为例。*VERY* 杂志的核心读者群是 30 多岁的母亲一族，我们一起和自行车制造商合作开发了可载儿童自行车，并大获成功。正是在找寻流行趋势的过程中，我们萌发了这个项目的灵感。

VERY 杂志也被誉为“读调”，是一本特别重视读者调查的杂志，因此这个流行趋势本身是编辑部独自辨识出来的。作为顾问，我只是在此基础上负

责制定产品的设计理念、指导设计方向等方面的工作。

VERY 杂志的编辑部经常会与众多读者进行互动。正是在这个过程中，他们深深体会到了妈妈们对“亲子自行车”的失望，进而产生了启动这个项目的想法。

实际上，我们也在东京和神户采访了很多母亲，“外观本身就不好看”“因为是接送孩子的必需品，虽然不是很好看，但我不得不每天使用”“老公说‘真丢人’，不肯骑这种自行车”……90% 以上的受访者都对“亲子自行车”表达了不满的意见。

接下来就是 *VERY* 杂志大显身手的时候了。

杂志编辑部联系了一家自行车制造商，与其就产品开发企划达成一致，计划制造出能够满足妈妈们需求的时尚自行车，让她们在接送孩子的过程中更加轻松愉快。

也就是说，由外部专家和制造商联手进行产品开发。其实近来，这种合作方式已经相当常见了。当然，制造商自己也能开发新产品，凭借熟练的技术以及多年来积累的各种经验和知识，它们完全有能力完成产品开发工作。

如果试图从不同方向寻找新的可能性、开发新产品或创造新东西，还需要一些不同的知识和努力。我们与外部专家合作的目的之一，正是为团队注入新的活力。这种做法在过去并不常见，但现在越来越普遍了，这可能也是一种时代潮流。

言归正传，决定与自行车制造商共同推进产品开发后，杂志编辑部进行了进一步调查，认真地听取了目标群体（读者群中的妈妈们）的痛点和建议，进一步明确了用户需求。在妈妈们的心目中，最理想的可载儿童自行车应该是，在时髦的全球知名品牌自行车或山地车上增设儿童座椅。其实，当时，知名女演员安吉丽娜·朱莉（Angelina Jolie）就曾骑过这样的自行车带孩子，这才是妈妈们想要的亲子自行车。

在进一步调查的过程中，我们也了解到用户喜欢“轻快好骑”的自行车，其重点在于“轮胎的粗细”。正是通过直接且广泛地听取用户意见，我们才把握住了流行趋势。编辑部将这种理想的自行车定义为“handsome bike”。

站在“消费者的角度”思考

在进行这些调查的过程中，我开始参与这个项目，并接受咨询。

因为本身就对自行车很感兴趣，所以我认为自己具备不少相关的基本知识。不过，对于大街上随处可见的可载儿童自行车，我的了解就很皮毛了。因此，就像在参与新项目时经常做的那样，我收集了很多关于可载儿童自行车的资料，并进行了深度的阅读。我觉得在项目开始之初，首先应该自己补充基础知识。

我想大家一定也没怎么注意观察过吧，可载儿童自行车分为可载单人和可载双人两种。可载单人的儿童座椅可能在前也可能在后，而可载双人的则前后都有儿童座椅，前面一般可载两岁半以下的幼童，后面可载一岁到六岁左右的孩子。

在看了很多设计之后，我发现，大部分厂家都优先考虑如何固定好儿童座椅，而不太注重外观设计。然而，若直接在世界知名品牌自行车或山地车的后面装上儿童座椅，则存在一定的安全隐患。虽说这样能够大大改良外观，但也不能让孩子面临危险，因此，妈妈们不得不对其土气的外观视而不见，压抑自己对美的追求，继续使用这种亲子自行车。

这其实是一个相当严重的问题。因为我自己也有过这样的经历，所以我明白对于有小孩的父母来说，接送孩子去幼儿园是生活的一部分。如果对此有所不满的话，就有可能整天都感到不愉快。

在接受编辑部的咨询时，我就在想，这个项目准确地找到了在日常生活中很容易被忽视的问题，并在此基础上试图改变现状，这很了不起，不是吗？

当下，人们经常高度评价“解决问题的能力”，在商业世界中，解决方案也备受重视。然而，我认为现在真正需要的是“发现问题的能力”。因为只要弄清问题是什么，大家共同出谋划策，一般都能解决。在这个时代，发现问题远比解决问题困难。

那么，该如何发现问题呢？关键在于站在“消费者的角度”思考。

销售产品、企业交流时，人们往往很容易只站在“企业”的角度考虑问题，且努力向用户传达、灌输产品的优点。然而，企业认为的卖点可能与“消费者”的需求大相径庭，因此一定要站在“消费者的角度”考虑。

产品开发也是一样，我们应当站在“消费者”，也就是使用者的立场思考问题、发现问题、解决问题。可以说，当今世界所缺少的正是这样的能力。

就以这个可载儿童自行车项目为例，*VERY* 杂志编辑部没有站在“企业”的立场，而是从“消费者”的角度考虑，因此才发现了问题，并了解了妈妈们的痛点：自行车的外观太土气，导致她们对生活产生了不满。不仅如此，我想也正是因为他们从“消费者”的立场出发，追求理想的自行车外观，所以才能清晰地描绘出“handsome bike”的形象。

“理念”是“指引创作的地图”

在设计产品时，是应该将由调查所催生的“印象”照搬到现实中，还是只取其基本框架呢？其实都不是，正如我刚才所说，要想展现品味，需要优化自己所积累的知识。

原本大部分读者都希望新设计的自行车轮胎较粗，但我想熟悉自行车的人肯定知道，如果把自行车的轮胎加粗，就会加大摩擦阻力，若是再带上孩子，踏板就会显得很沉，蹬起来很费力。总而言之，回答“粗轮胎好”的人并没有预料到这样的情况，只是觉得粗轮胎看上去更帅气。

同样地，“近似于山地车的车型比较好”，这个建议也是如此。实际上，山地车必须以稍微前倾的姿势骑行，车把也呈“一”字形，因此这种车型不能直接用作可载儿童自行车。归根结底，这个建议也是基于“印象”凭空得出的。

在设计时，不仅要考虑到这种心理和实际情况，还要考虑到安全等方面的问题，并且必须在力所能及的范围内优化其外观，满足消费者的需求。

在这个项目中，对我们最有参考价值的就是“沙滩巡洋舰”，也就是我刚才提到的安吉丽娜·朱莉的自行车。很多人都认为这种自行车就是自己理想中的亲子自行车。“沙滩巡洋舰”和山地车不同，它确实很好骑，轮胎也比较粗，而且在安全性方面，也比山地车更有保障。因此，在设计方向上，我决定以“沙滩巡洋舰”为参考。

正如前文提到的，如果直接采用“沙滩巡洋舰”的车型，轮胎就太粗了，即使有电动机助力，蹬起来也很费劲，而且车身会很重，因此还得进一步改进。于是我想到了“城市巡洋舰”这个设计理念。

理念这个词有多种使用方法，比如表示创作初衷等。我认为，理念就是“指引创作的地图”，并且这个“地图”要尽量简洁。如果很复杂的话，它就很难指引我们抵达终点。因为任何项目都不是由个人单独完成的，进入社会后人们就会发现，几乎所有的工作都需要多人协作，所以如何共享简单准确的“地图”，是推进工作的关键。

以这个项目为例，杂志编辑部推出的“handsome bike”，究竟是一款怎样的自行车？如果你能找到一个像“城市巡洋舰”这样的词，简单明了地让大家理解，那么在创作过程中，大家就能毫不动摇地朝着这个方向前进。能否准确把握目标形象，并翻译成全队共通的语言，是非常重要的。

基于这个设计理念，我们又花了很多心思，终于设计出了原创的可载儿童自行车。其中也有借鉴“沙滩巡洋舰”的地方，比如考虑到要便于骑行，将车把设计成微微上扬的形状，对轮胎也进行了加粗处理。由于时间等方面的原因，当时没有制作可载双人的款式，但设计了多种颜色供消费者选择。

2011年6月，这款自行车开始在杂志读者内部发售。当时编辑部在杂志上刊登了人气模特的使用感受，之后开始受理读者的电话预约，结果专为杂志读者准备的库存，竟在 40 分钟内就售罄了。

正式发售后也引起了巨大反响，仅仅 3 个月就达成了年销售 3000 辆的目标。订单蜂拥而至，甚至出现了生产跟不上销售的情况，最终，年销量超过了 1 万辆。

有个成语叫“成王败寇”，意思是赢家即代表正义。在当今社会也是如此，无论道理说得多么正确，只要输了就没有第二次机会了，不管你受了多少苦，这些根本没有人会在意。倘若你赢得漂亮，情况就大不一样了。这个项目也是如此，由于产品大卖，我们获得了更多的支持。随着产品开发费用和开发时间的增加，又开始着手研发第二代，还完成了上次未能制作的可载双人的款式设计。2014 年 3 月，新款开始发售，销售的情况比老款更火爆（截至 2016 年 3 月，销量总计超过 5 万辆）。

找到共同点

提升品味的最后一个方法就是“找到共同点”。

积累知识固然重要，但空有知识也是不行的，还要好好地咀嚼、消化和吸收。我常常说“要提炼出自己的知识”，这并不是指把知识原封不动地记忆下来，而是要加以分析、解释。有一个实用的方法就是通过大量观察，找出事物的共同点和规则。

最近我经常参与店面设计，其实我在设计时所采用的规则也是这样找到的。具体来说，如果是店铺空间设计的话，我就会去热闹的商业场所等，快速地参观各种各样的店铺，步速要快，然后我会再看一次觉得“不错”的店，并把觉得好的地方记下来。

这时候要特别注意的是，不要看卖的东西。因为毕竟是商铺，所以一不小心就会看到商品，但我想了解的是空间的共同点，因此只会专注于这一点，然后孤零零地站在一旁琢磨。旁人或许会认为我是危险分子……

在这个过程中，我渐渐找到了共同点，我注意到“人气店铺”有以下四个共同点：

1. 地板颜色较暗。

2. 过道比较狭窄。

3. 商品摆放杂乱。

4. 天花板较低，或者门梁位置不过高。

像这样找到共同点之后，我会自己分析一下这些共同点背后的原因和依据。比如，以“地板颜色较暗”为例，我会思考为什么这样比较好？为什么人们更愿意进入这样的店里呢？

我的结论是，如果地板是白色或米色等较为明亮、干净的颜色，人们可能会存在一定的心理负担，怕弄脏地板。虽然没有学术依据，实际上，很多生意兴隆的店铺地板颜色都比较暗，即使是白色的，装修风格也比较复古，给人一种踩了也没关系的感觉。

或许这是日本特有的规律吧。因为日本有脱鞋进屋的传统，所以对于“穿着鞋踩在干净的东西上”总会有些抵触。因此，当你面对洁白无瑕的地板时，你可能会下意识地犹豫是否踏入。

考虑到这一点，我参与设计的店铺会把地板的颜色调暗，如果地板颜色较亮，则会把灯光调暗，这样就可以给顾客营造出更轻松的氛围。

我再顺便解释一下其他规则，对于“过道比较狭窄”和“商品摆放杂乱”这两点，我的结论是这样容易让人在购物时产生“寻宝”的感觉。

逛商场时，很少有人会抱有“今天要买毛巾”这样明确的目的，大多数人都是漫无目的地闲逛，期待能够发现“有趣的东西”。我想，“过道比较狭窄”“商品摆放杂乱”的店，正是看准了消费者的这种心理吧。

当然，这只是一种原则，并不适用于所有店铺。比如说，如果想让商品看起来非常优质，那么还是整洁地陈列比较好，这就需要设计师根据店铺情况进行优化。

最后一点，“天花板较低，或者门梁位置不过高”。这一点正如其字面意思，当店铺和卖场的天花板较低，或门梁位置不过高时，人们更乐意进入。

有点出人意料吧。因为单从理论角度考虑的话，特别是商场内的店铺，如果追求开放式的设计，其门槛就会更低，人们也会更容易进入。

然而，实地参观很多店铺就会发现，顾客往往会进入那些天花板较低，或者门梁位置不过高的店铺。其实，我还没有找到一个确切的原因能够解释为什么会这样。

我想，恐怕是因为稍微被包围的空间更能让人安心吧……就好像，比起住在空旷的原野中，住在房间里会让人觉得更加安稳。

虽然我不能确定具体的原因，但我确信这些规则没有错，因此由我参与空间设计的店铺，无论是中川政七商店，还是 TENERITA，其天花板都是比较低的。虽然几乎任何商场都对出租的店铺有所规定，但我会在规定的范围内调低天花板的高度。由于“THE SHOP”入驻的商场规定不能降低天花板的高度，所

TENERITA 名古屋 LACHIC 店

以经过多方考虑，我决定挂上招牌，从而在视觉上降低门梁的高度。

没有无法解释的设计

“了解王道、经典”“把握流行趋势”“找到共同点”。在上一节中，我说明了提升品味的三个方法，还详细介绍了我在实际工作中所应用的方法和所形成的经验。我是一个坦诚的人，因此在这里我的分享将毫无保留。当然由于时间关系，会有省略的部分。基本上除了在这儿说过的以外，我没有什么秘密。怎么样？我所仰仗的不是灵感、才华之类的吧？

有的设计师会说：“虽然我解释不清，但这是一个很好的设计。”我认为这都是假话。既然品味是建立在知识储备的基础上，那么就没有什么设计是无法解释的。如果你的创意能很好地解决问题，你就能做出解释。因此，大家实在没必要抱有“自己没有品味、不懂设计”之类的奇怪情结了。

当然，知识作为前提，是十分必要的。另外，想掌握这些东西，其实并不需要花几年时间在多摩美术大学进行深造。利用今天介绍的三个方法，自己努力积累就可以了。

当明白这一点，你就可以和设计师对等地交谈了。即使将来步入社会，负责企业宣传，独立创业，也可以自如地和创意总监以及艺术总监成为合作伙伴，把设计当作自己的撒手锏。

刚刚我又强调了一遍本讲的重点，在下一讲中，我将为大家讲解如何发挥品牌力量，也就是品牌推广。

作者相关作品著作权

“THE GLASS” ” THE SHIRTS” 2012 年 / 产品、包装

PH（产品摄影）：小原清

“THE SHOP” 2012 年（上）/ 店面设计

CD：水野学　施工：D.Brain　PH（店铺摄影）：阿野太一

THE “THE CORNER@ISETAN” 2015 年

店面设计：杉本博司　PH（店铺摄影）：阿野太一

兴和 “TENERITA 名古屋 LACHIC 店” 2014 年 / 店面设计

CD、AD：水野学　店铺设计：胜田隆夫

第 3 讲

品牌推广蕴含巨大能量

不以立异惊天下

“不以立异惊天下”，本讲就从这句话展开。

在前文中，我也提到过，人们好像常常对差异化和创意抱有误解。其实只要稍微有一点不同就可以了，但是每当我们想要进行差异化或提出创意时，往往会下意识地认为必须要创造出世界上不曾存在过的东西，结果反而会做出一些稀奇古怪的产品，不能满足消费者的需求，最终导致没有市场、卖不出去。这种情况绝不在少数。

这也就是我想要说的“不以立异惊天下”，我们不能执着于让人大吃一惊。说到底，如果只是让人大吃一惊，并没有那么困难。比如说，倘若苹果新推出了一款破旧的 iPhone，大家肯定会十分惊讶吧？然而，即使推出那样的产品，也没有人会喜欢。

这可能是一个比较极端的例子。不过在现实生活中，有很多商品、广告、企业传播，都执着于让人大吃一惊而标新立异，只是程度有所不同。然而，这样做的话，往往并不会被受众接受，更不会大获成功，因为这并非消费者所追求的。

如果能够让人大吃一惊，产品或许会成为热点话题，在短期内说不定可以吸引消费者购买，但要想持续畅销是很困难的。那么，怎样才能让产品持续畅销呢？在第一讲中我也提到过，这就需要依靠品牌的力量。

如果不加创新的话，在这个物质已经趋于饱和的时代，由于制造工艺不断提升，产品之间在功能和规格方面的差异几乎为零。从消费者的角度来看，确实很难做出选择。因此，进行差异化是一件非常必要的事情，但正如我刚才所说，标新立异的产品往往又是没有市场的。正因如此，才要依靠品牌的力量来实现差异化，从而获得消费者的青睐。如果不这样做的话，可以说已经很难打造“爆款”了。

打造企业品牌力的三要素

什么是品牌呢？这个问题我在前文中已阐释过，一言以蔽之，品牌就是企业和产品的“调性”，即企业和产品最本源的理念与目标所蕴含的独特魅力，其并非实体，而是在消费者心目中形成的固定印象。

这个印象是由与企业和产品相关的所有输出共同塑造的，比如广告宣传、产品设计和包装、店铺布局等，甚至在任何宣传册上都应该得以体现。此外，企业负责人的言行、穿着、举止等也会影响人们对企业的印象。

换言之，如果想要打造一个有影响力的品牌，就需要控制所有的输出，也就是说有必要进行外观设计管理。能够实现这一目标的企业，也即有品牌力的企业，其实都拥有某些共同点。据我所见，它们都具备以下三个要素：

1. 高管拥有出众的创新能力。

2. 聘请创意总监作为经营者的“右脑”，参与经营决策。

3. 在企业管理部下面设有“创意特区”。

我认为，如果想发挥企业的品牌力，未必非得同时具备这三个要素，但至少要满足其中之一。接下来，我将按照顺序详细说明。

首先，说到“高管拥有出众的创新能力”，大家很容易就会联想到苹果公司。正如我之前所说，苹果的产品深受大众青睐，其首要原因就在于“酷”。产品本身自不必说，苹果零售店的建筑风格、网站，甚至商品的包装方式都“很酷”。正是因为一切都“很酷”，其“具有高度审美能力、致力于设计”的企业形象才真正扎根在消费者心中。

这无疑是其高管史蒂夫·乔布斯的审美意识对企业活动持续影响的结果。虽然关于苹果公司成功的主要原因众说纷纭，但毫无疑问，其成功的基石正是强劲的品牌力，而这种力量则是由各环节所展现的品牌形象会聚而成的。

同样，在第一讲中，我所介绍的戴森也是如此。其创始人詹姆斯·戴森在学生时代就开始学习设计。

因此不仅是产品，戴森其实在方方面面都体现出了高超的审美情趣。埃隆·马斯克创办的特斯拉汽车公司亦是如此。

如果高管拥有出众的创新能力，并且企业能够利用好这种能力，那么就可以轻松地把审美意识传递到企业各个角落，从而孕育出强大的品牌。

起用约翰·杰伊的原因

接下来我想谈谈第二点，“聘请创意总监作为经营者的‘右脑’，参与经营决策”。

我现在主要就是参与这方面的工作。此外，同样在庆应义塾大学执教的创意总监佐藤可士和先生，可以说是这个领域的先驱。

并非一定得是有创意总监这个头衔的人，艺术总监、设计师都可以。也就是说，在公司经营方面要重视“懂设计和创意的人才”。

现实中，很多事情都能印证这一点。

2014年10月，据报道，“优衣库”的母公司迅销集团（Fast Retailing）将起用约翰·杰伊（John Jay）担任新设立的“全球创意总裁”一职。在此之前，杰伊是世界著名广告公司威登肯尼迪（Wieden & Kennedy）的合伙人。作为创意总监，他负责过包括耐克在内的众多国际知名企业的品牌推广。

我认为，在目前的创意总监中，杰伊是首屈一指的存在。其实，这并不是他第一次和迅销合作了。20世纪90年代末到21世纪初，在杰伊担任威登肯尼迪日本分公司总经理时，他就作为创意合作伙伴参与了优衣库的品牌推广工作。

大家都很年轻，应该不太了解以前的优衣库。20世纪90年代之前，优衣库以总部所在的山口县为中心，主要在地方发展事业。那时优衣库的电视广告也略显滑稽，一位阿姨在收银台前不断地脱下衣服，以此宣传“在优衣库退换货，无须理由”，给人的印象与现在大相径庭。

当优衣库正式进军东京都核心区时，杰伊参与了其品牌推广。以此为契机，优衣库的企业宣传发生了天翻地覆的变化。

杰伊带领团队明确了优衣库的使命，即“作为日本的新型企业，优衣库将致力于让世界上所有的人能够穿上品质优良的休闲服装”；策划了摇粒绒服装广告，该广告只是静静地展示了产品，却掀起了摇粒绒热潮；制定了集团的经营理念……我认为，当时的决策为如今优衣库的品牌形象奠定了基础。

随着合同到期，杰伊暂时离开了优衣库。不久，优衣库在全日本各地开始大规模地开设门店，甚至逐渐向全球市场进军。后来迅销集团计划重新制定全球战略，于是决定再次拜托杰伊，并希望这次他能够正式入职迅销。媒体在报道这则消息时，经常会使用一张照片，迅销集团社长柳井正和杰伊亲密地肩并肩、笑容满面地握手。这张照片给我留下了很深的印象。因为我也有幸和柳井正社长见过几次面，他是一个比较严肃的人，让人有一种很特别的紧绷感。照片中的画面说明，杰伊可以和他轻松地

迅销集团社长柳井正（左）和约翰·杰伊（右）

迅销集团“优衣库摇粒绒1900日元”系列

肩并肩，也就是说，他们是伙伴关系。既不是上下级关系，也不是合同关系，而是伙伴关系。

一位作为经营者有着足以名垂青史的功绩，一位在创意领域取得了斐然成就，这两个人在平等关系的基础上互相认可。显然，正因为能够做到这一点，他们才能彻底改变企业传播的方式，打造出独一无二的优秀品牌形象。

出于经营考虑，还是出于创意考虑？

接下来，我想谈谈第三点，“在企业管理部下面设有‘创意特区’”。当然，这句话并不是说必须要有“创意特区”这个部门，而是说负责创意和设计的部门及团队离企业管理部很近。

在这方面最具代表性的是资生堂。一直以来，资生堂都把极具文化性的宣传部门和设计部门放在公司内的中枢位置，以创意的思维方式处理业务，进而常常让人分不清其策略究竟是出于经营考虑，还是出于创意考虑。很多时候，资生堂甚至被称为创造了20世纪银座文化的企业。能够对人们的生活产生如此大的影响力，恐怕也得益于“创意特区”的设立。

此外，于20世纪90年代中期陷入经营危机的日产汽车，之所以能够在1999年以后重获新生，也与“设于企业管理部下面的‘创意特区’”有关。

人们往往更关注“成本杀手”卡洛斯·戈恩（Carlos Gbosn）社长大刀阔斧的高效化改革，却不知道他在来到日产汽车之后，就把原来处于技术部末端的设计团队改为由社长办公室直接管理。我猜想，这是因为管理经验丰富的戈恩社长，当时已经充分认识到了创意在企业传播中的重要性。

“高管拥有出众的创新能力”“聘请创意总监作为经营者的‘右脑’，参与经营决策”“在企业管理部下面设有‘创意特区’”，我把这三点称为“打造企业品牌力的三要素”。我想，大家听我讲了这么多应该已经明白了，大部分能够发挥出品牌力的企业，归根结底，都在经营战略的核心中融入了设计视点。

最近，“经营设计”这一概念受到了广泛关注，创意正在成为经营的重要课题。三个要素的不同之处在于融入设计视点的方式。拥有出众创新能力的高管，是自己亲自上阵吗？是否需要借助于创意总监、艺术总监这些外部专家的力量？还是集中公司的内部力量，成立团队或部门来负责这部分工作？不少企业都在三个方面进行了尝试，而不是仅仅选择其一。不管怎么说，我们越来越有必要将企业的品牌推广视为经营的重要课题了。

品牌推广只是手段

我们一定不能忘记，打造品牌并不是目的。当你开始认为品牌很重要、非常重要的时候，你就会不知不觉地将其目的化。不过，品牌推广终究只是一种手段，重要的是其后的目的。请大家务必谨记这一点。

那么，我们的目的是什么呢？通俗点说，就是销售额。即使我们的各种输出做得再好，大家也说喜欢，但商品完全卖不出去的话，就没有意义了。或者说，即使不以销售额作为衡量的标准，也必须在“提高知名度、聚集人群”等方面产生效果，否则就是没有价值的。

因此，如果大家今后成为经营者，在选择自己公司的品牌推广合作伙伴时，或者作为负责人，委托外部的创意总监或艺术总监进行产品的品牌推广时，最好仔细调查一下那个人之前经手的工作。不仅要确认他做的东西是否足够“酷”、足够好看，更要确认产品最终是否卖得好。

听到我郑重其事地强调这一点，或许会有人觉得“确认实绩是理所当然的吧？”。然而，现实情况是，大部分人更关注“做过什么样的东西”“做了什么样的工作”，而调查“产品是否因此而畅销”的人意外得少。另外，遗憾的是，据我所知，没有多少艺术总监和设计师能够考虑到产品销售方面的问题。

好不容易经营者意识到了设计的力量，想要进行品牌推广，却因为选错了合作伙伴，导致产品根本卖不出去，这种情况真的很常见。

当然，正如我刚刚所说，如果我们的目的不是销售额的话，那么需要确认的内容也是不一样的。假如是业绩良好但知名度不高的企业，就会想要做出非常抢眼的东西，即使销路不畅也没关系。为了展现企业致力于创造的姿态，比起销售额，这类企业更希望做出富有设计感的产品，通过在海外获得设计奖，彰显自己的存在感。

因为不同企业面临的情况不同，所以我认为目的是多样的。要想达成目的，还是得找到合适的合作伙伴。

怎样才能变得更有吸引力

那么，在实际工作中，大家应该如何策划并推进品牌推广呢？接下来，我想以中川政七商店为例进行说明。其实，我从2007年就开始参与该店的品牌推广了。

中川政七商店旗下的品牌除了经营生活杂货和工艺品的“中川政七商店”、以“日本布料”为主打的“游中川”之外，还包括各种以日本工艺为基础的细分品牌。它在全日本的百货商场都开有分店，在东京中城以及东京站前的KITTE等地设有门店，普通人中应该有不少人听说过中川政七商店。

其实中川政七商店的总部位于在奈良，创办于1716年，一直经营工艺品，是一家历史悠久的企业。然而，在当下这个时代，要想卖好传统工艺品还是比较困难的。

例如，手艺高超的工匠制作的漆碗确实很棒，但价格高达数万日元。如果只是用作食具的话，塑料碗也能起到同样的作用，并且在“100 日元店”里就能买到。因此，如果没有什么特殊需求的话，一般人是不会买数万日元的碗的。

这确实是一个比较极端的例子。然而，由于现在各种工艺品同质化严重，消费者很难做出选择，日本传统工艺面临的形势比大家想象的还要严峻。中川政七商店也不例外，在我加入之前，他们也为此而陷入深深的苦恼中。正因为这一点，他们才放弃了对工艺品的执着，希望通过进军日式杂货产业来探索发展的可能性。

2001 年，他们在东京惠比寿开设了主要售卖麻制品的“游中川”试销店，2003 年又创立了新品牌“粋更 kisara”。这些新举措备受关注，被多家媒体报道，因此他们的销售额也实现了持续增长。顺便一提，当时他们的零售品牌只有这两个，还没有“中川政七商店”这个品牌。

2007 年，我收到了一封邮件，寄件人是中川政七商店的中川淳先生。他现在是中川政七商店的第 13 任社长，时任常务董事。

就像邮件上所写的“恕我冒昧地给您发这封邮件”一样，这封邮件来得没有任何预兆、十分突然。面谈后，我才得知其委托的内容，为迎接“游中川”25周年店庆，重新设计购物袋。当时我就在想，顾客会仅仅因为购物袋的变化而去店里吗？

举个例子，假设在巢鸭的商业街上有一家只卖老年服装的店，而你很喜欢那家店的购物袋，那么你会因此去那家店吗？我想大概是不会的，对吧？考虑到这一点，我就想做出能够吸引顾客来店的方案。

那么，要怎样做才能让店铺更有吸引力呢？为了找到答案，首先我开始着手调查中川政七商店。

未经请求的提案

上文我提到过，该公司创办于1716年。这本身就很厉害，历史如此悠久的企业是屈指可数的。另外，总部位于奈良也是其魅力所在。很多人常常会觉得奈良“不如京都”，其实事实并非如此，与京都相比，奈良的历史更为悠久，所以更有古都的韵味。历史悠久、地处奈良，这两点都是中川政七商店宝贵的财富。然而，在我看来，当时这些财富并没有得到充分利用。

那么我做了什么呢？我提出了两个超出委托范围的提案。其一，我提出为中川政七商店公司本身，而不是“游中川”品牌，设计企业标识。我认为将该公司近300年的历史和古都奈良的元素融入标识当中，就可以突出其老字号的形象，从而获得顾客的信赖感。

对方委托我重新设计购物袋，我却给出了标识的设计方案，一般人都会觉得奇怪吧。如果对方表示“不需要”的话，即使我辛辛苦苦地做了出来也没有报酬。我明白，但我还是这么做了。

其二，我建议不妨保留公司名称，创立一个名为“中川政七商店”的新品牌。当时该公司旗下的品牌有两个，分别是“游中川”和“粋更kisara”，品牌名称都现代感十足，这可能是因为目标消费者是女性的缘故吧。后来听说，其实是对方考虑到"'中川政七商店'这个商号看起来很陈腐"，所以特意没有用来当品牌名称。

然而，我还是坚持说，应该把这个名字当作品牌名称。真是多管闲事啊！当然，这并非信口胡说，而是我深思熟虑的结果。因为"游中川"和"粋更kisara"主要经营的是比较可爱的日式杂货，同类的竞争对手不少。既然顾客有这方面的需求，所以这部分的业务也要保持。考虑到该品类的市场规模较小，今后销售额的上升空间很有限，如果希望企业能够进一步成长的话，最好转变发展方式。因此，我想通过构建新业态来一决胜负。

我推出的理念是"温故知新"，也就是说，不做现在常见的日式杂货店，而是打造一个传递传统"日式生活"智慧的品牌。顺便一提，正如我之前所说，理念是指引团队的"地图"，所以我特意选择了一个简单易懂的词。

于是，当中川先生来到我的办公室，准备验收购物袋设计方案时，我先给出了设计方案，之后又说道："我还考虑了……"接着，我提出了刚才所说的标识设计和创立新品牌的构想。令我吃惊的是，他当场便同意了："就这么做吧。"他还说："确实，我们没有足够重视公司 300 年的历史和古都奈良。不少人认为奈良是个好地方呢。"

真不愧是中川先生，他毕业于京都大学，曾在富士通工作，有着出色的履历。虽然这句话由我来说不太合适，但我的提议确实事关重大，一般人很难立刻做出决定。第一负责人自不必说，即使是经营者，在面临决断时也会变得慎重，往往会把方案带回公司讨论可行性。然而，中川先生当机立断，可见他对品牌有着深刻的理解。我想，正是因为有这样的经营者，"中川政七商店"的品牌推广才获得了巨大成效。

为什么连纸箱都要设计

经过筹备，2008年，中川政七商店正式开始使用新标识。与此同时，我们还在公司内外进行了彻底的品牌推广，从产品上的标签到公司信封，乃至送货用的瓦楞纸箱都设计一新。

产品标签和信封姑且不论，纸箱基本上只用于店铺和总部仓库间的物料流通，因此即使用常见的褐色纸箱也没关系。那么，为什么还要进行设计呢?

主要有两个原因。一是，当客人偶然看到放在店铺仓库的货物时，会产生良好的印象。就像细节之处见人品一样，不经意间展露的一面往往会影响他人的印象，这对于店铺和企业来说也是一样的。品牌是由所有输出共同塑造的，品牌就在于细节。

二是，这样做会影响员工的积极性。这一点我在前文中没有提到过，其实企业的品牌推广还能有

中川政七商店 企业标识

中川政七商店 购物袋（上）、瓦楞纸箱（下）

效地提高员工的积极性。在知名品牌工作，会让人产生自豪感。当然，这也便于招聘，能够吸引更多优秀人才进入企业。

请大家设身处地想一想，假如有两家公司业态同样、条件相似，其中有一方的品牌形象特别好，那么你会选择在哪家公司就职呢？一般都会选择品牌形象好的那家吧。也就是说，品牌推广还能增强企业自身的力量。做好品牌推广，既能提高员工的积极性，还能吸引优秀人才。只需10年，做与不做的差距就会非常明显。这是我的想法，中川先生也对此表示赞同。因此，就连纸箱我也进行了精心的设计。

此外，当时我还参与了几家新开的“游中川”的店铺装修。因为新品牌“中川政七商店”的创设是从零开始的，所以筹备需要一段时间。中川先生希望在此期间能够先提高现有门店的销售额，于是我与建筑师宫泽一彦先生合作，对门店的每一处细节都进行了规划、设计。

这一系列工作产生了明显效果，于是中川先生

中川政七商店 总部

中川政七商店 新办公楼发布会指南

就更加信赖我了。2010年，他又委托我负责新办公楼的设计方向。最终，我将建筑设计交给了建筑师吉村靖孝先生，我则负责把控整体的方向，以及筹备办公楼发布会等。我一边思考怎样才能吸引人们参会，一边把宣传单放进桐木盒子里，偶尔也玩一会儿……

也是在同一年，他们宣布创立新品牌“中川政七商店”。1号店位于京都的四条乌丸，其店铺装修是请GRAF做的。虽然这是一个充分展现奈良魅力的品牌，但考虑到今后要在全日本推广，我觉得还是将京都作为起点比较好。起初，京都人似乎对此感到有些困惑，但现在已经完全接受了，店铺的销售额也在不断增长。

此外，我还在2013年参与了中川政七商店的手帕品牌——“motta”的创立。手帕是我们日常生活中很常见的商品，然而在这一领域并没有什么知名品牌。虽然有一些服装品牌也会售卖手帕，但几乎没有专业的手帕品牌。

中川先生注意到了那个“空缺”。于是，我对产品和包装进行了精心设计，没想到第一年的总销售额竟然达到了1亿日元。因为是手帕，所以商品单价并不是很高，可见销量之多。

其实产品本身没有任何奇特之处，形状、图案之类的完全没有突破以往人们对手帕的印象。当然，我也在设计方面下了很多功夫，比如把手帕的标识设计得很可爱，为每条手帕做了独立包装等。当然，该项目大获成功的首要原因在于，中川先生发现了“手帕没有品牌”这个商机。这样的机会在世界上好像还有很多。

除此之外，他们重新装修了奈良的“游中川”总店，创立了袜子、抹布等细分品牌。中川先生还正式启动了日本各地传统工艺品的咨询项目……他们采取了很多新举措，并且进行得都很顺利。

就这样，通过在品牌推广上的全身心投入，中川政七商店的销售额在6年间翻了近3倍。

中川政七商店“motta”礼盒、手帕（上）和购物袋（下）

中川政七商店“motta”礼盒（上）和品牌标识（下）

“目的”和“抱负”是企业活动的出发点

我同各种各样的企业合作过，每当涉及品牌推广时，都会先和经营者多多沟通。这样做的首要原因是，如果双方不能明确共同目标，那么品牌推广的方向就会出现错误。特别是企业的“目的”和“抱负”，一定要搞清楚。我认为这两点是企业所有活动的出发点，只要把握住这两点，最起码大方向上不会出错。

虽然目的很容易回答，但能明确说出抱负的经营者其实并不多。其实他们并不是没有抱负，只是无法用语言表达出来。因此，我需要在各种各样的谈话中，引导经营者说出他们的抱负，要求他们“凝练语言，提出口号”。

我也问过中川淳先生的抱负，那时他的回答是“让日本工艺焕发活力”。这样简简单单的一句话就可以成为企业确定“调性”的指导方针，最重要的是，还可以提高员工的“自我价值”。

确实有人工作就是为了钱，但对于大部分人来说，能够感受到“自己的工作对社会有贡献”才是最为重要的。对于一个组织而言，适当地提高工资、尊重每个人的意见、下放权限等措施也很必要，但仅凭这些，不会让员工产生信念感，他们也就无法坚持下去。员工更想要的是一种认同感，即自己就职的企业对社会来说很重要，自己也是其中必不可少的一分子。

中川政七商店在这方面就做得很好，他们明确提出了自己的抱负，即“让日本工艺焕发活力”。员工的积极性因此也发生了变化，这是因为他们意识到，自己在店里卖杂货和小物件，不仅能带给顾客快乐，还有助于让日本工艺焕发活力。

“抱负”让企业的视野更开阔

此外，明确抱负还能让企业的视野更开阔，因为这样他们就能清楚地意识到自己应该做什么，自然就会有新想法。以中川政七商店为例，他们面向传统工艺品制造商提供咨询服务就是如此，通过采取更直接的行动，将“让日本工艺焕发活力！”这一抱负付诸实践，而且咨询费极为便宜。

我半开玩笑地说过，这是一件很了不起的事情，因此我们更要对结果负责。在咨询领域，顾问公司收取高额的咨询费，却对结果一点儿也不负责任，这种情况非常多。对此我一直抱有疑问，那也算是咨询吗？中川先生也有同样的想法。因此对于前来咨询的制造商，中川政七商店会根据其产品销售额收取不同的费用。中川政七商店提供的咨询服务包括：分析制造商的经营数据，提供促销和宣传的建议等，并且会在中川政七商店销售他们提供咨询服务的产品，咨询费从销售额中抽取。

再者，明确抱负还有助于孕育新品牌。例如，2011 年，袜子品牌“2&9（NITOKYU）”就是这样诞生的。实际上，奈良是日本首屈一指的袜子产地，现在也有很多中小企业从事袜子的生产工作，但是近年来似乎受到了其他国家的商品的冲击，行业竞争越发激烈。能否改变这种状况，复兴奈良的袜子产业呢？出于这个考虑，中川先生创立了一个新品牌，进而将在奈良从事袜子生产的中小企业联合成了一个共同体。

“大日本市”展览会可以说是这些活动中的集大成之作。中川政七商店原本只为旗下品牌举办新品展览会。然而，从2011年起，中川政七商店开始举办名为“C”的开放型展览会，其间会展示来咨询过的厂商的产品，其他零售店和新闻工作者也会参加。每年在参加各种活动时，比如东京国际展览中心举办的“室内生活方式”国际展销会等，“大日本市”都会作为一个团体获得特别展位。

这个尝试最了不起的地方就在于，给了小厂商参加大的展销会的机会。一个大型展销会能够吸引数以万计的买家，确实是一个展示产品的好机会。然而，展位总是有限的，一般情况下，规模较小的传统工艺制造商很难有参与的机会。中川政七商店创立的新品牌使得中小企业成为一个共同体，小企

中川政七商店“2&9”礼盒（上）、秋裤及其包装（下）

中川政七商店 “大日本市”

业也由此获得了参展机会，真正实现了“让日本工艺焕发活力！”这一企业抱负。

企业经营离不开设计

这一讲，我讲了很多，核心就是：在很大程度上，塑造品牌形象要依靠对企业和产品的外观设计进行管理。这并不意味着只要外观好看、“够酷”就可以了，设计还必须要贴合企业或项目的目的和抱负。

为了充分掌握其目的和抱负，经营者和负责品牌推广的创意总监或艺术总监最好能够进行平等的沟通。换句话说，企业经营离不开设计。

我提到的中川政七商店，就能出色地平衡经营与设计。这是因为其经营者中川淳先生对设计和创意有着深刻的理解，甚至可以说，他为今后的企业以及经营者提供了一个标准模板。

作者相关作品著作权

中川政七商店 2008 年 / 标识、购物卡、购物袋、瓦楞纸箱

CD、AD：水野学 D：good design company PR：水野由纪子

中川政七商店 总部建筑、办公楼发布会 2010 年 / 设计方向、签名、DM

CD、AD：水野学 办公室设计：吉村靖孝 D：good design company PR：水野由纪子 PH（办公楼摄影）：阿野太一

中川政七商店“motta”2013 年 / 标识、包装、品牌标识

CD、AD：水野学 D：南场杏里 PR：水野由纪子、井上喜美子

中川政七商店“2&9”2011 年 / 标识、包装

CD、AD：水野学 D：南场杏里 PR：水野由纪子、井上喜美子

第4讲

如何发掘『畅销魅力』

给品牌“穿上合适的衣服”

我在文中多次提到，所谓品牌就是“调性”。那么，“调性”又是什么呢？如何确定“调性”？又该如何发挥“调性”的作用呢……在最后一讲中，我首先想具体谈谈“调性”。

在上一讲中，我提到中川政七商店的例子，简要介绍了我接下那份工作的契机，来自中川淳先生的一封电子邮件。之后，我和他见了面，搞清楚了委托内容，并指出“仅仅重新设计购物袋是不够的”。听到这儿，不少人立刻想到“接下来，是不是还应该改变一下商品本身的设计？”。简言之，人们会认为，我觉得有必要将他们的产品设计得更具现代风格的简约美。

在策划品牌推广时，这种想法可以说是一种常见的误区。换句话说，盲目地追随流行趋势，设计出具有现代美的东西，就可以大获成功了吗？从结论上来说，这种做法并非没有成功的先例，但绝大多数是行不通的。

其实，我从未想过要把中川政七商店的产品设计成现代简约风格。这是因为在策划品牌推广时，最重要的考虑应该是让品牌“穿上合适的衣服”，这与造型师的理念十分接近。举个例子：假如某人想“提升自身形象”“给人留下好印象”，那么造型师会建议他穿什么样的衣服呢？想必是适合他的衣服。因为不论款式多么流行，如果不适合他，就无法取得理想的效果。

企业的品牌推广也是如此。我之所以不打算将中川政七商店的产品设计成现代简约风格，是因为考虑到它的历史，以及人们对其总公司所在地——奈良的印象，可见“这套衣服并不适合它”。也就是说，这不符合该企业的“调性”。

当然，我并不是说现代简约风不好，只是在强调“调性”是设计的基础。比方说，若是想在东京表参道开一家引领时尚潮流的咖啡馆，那么现代简约风的设计也未尝不可。然而，如果这样设计仅仅是为了追赶潮流或单纯出于自己的喜好，那就很有可能导致企业步入歧途。

“调性”需要向“内”求索

这与求职也有相通之处，例如在求职面试中，当被问到“你的特点是什么？”时，如果不撒谎就无法给出理想的回答，那么这家企业就很有可能并“不适合”你。我认为最好不要勉强自己去迎合工作，因为如果工作不符合自己的“调性”，最终你会感到十分疲惫，近而难以为继。

总之，“调性”发自内心，不因外在因素而改变，不能借助流行或好看的东西来粉饰。当然，这对于企业和产品来说也是一样的。一家企业或一个产品的“调性”也需要向“内”求索，问题是该如何求索……让我们结合一个具体例子来思考一下。

例如，我曾经为东京都游泳协会设计过IP形象，该协会的理事是游泳选手北岛康介。提起北岛选手，你会想到什么呢？我想首先可能就是其世界级游泳选手的身份，然后可能就是他在 2004 年雅典奥运会夺金时的获奖感言：“感觉超棒！”在接下来的北京奥运会上，他再次获得了金牌，并发出“妙不可言”的感叹，给人留下了语言能力很强的印象。另外，众所周知他家是开烤肉店的，在当地很有人气。北岛选手在接受采访时也说过，自己最喜欢店里的炸肉饼。

这些都是北岛选手的“调性”，是他特有的个性，也是他独有的魅力和特点，当然远不只这些，只是我目前能想到就有这么多。不过，仅凭这些我们就能把握其“调性”，为他“穿上合适的衣服”。

即使北岛选手向我咨询如何进军餐饮业，我也能给出一个方案：“开炸肉饼店就很不错。”如果他提出想自己创业，我就会建议他做一些与游泳有关的周边产品。因为他说话总是令人印象深刻，所以也可以考虑发挥这一优势……这样就能很好地发挥北岛选手独特的个性、魅力和特点。

在设计刚才提到的东京都游泳协会的IP形象时，我也是基于类似的思路确定了设计主题。北岛选手是该协会的代表人物，因此我以他为原型进行了设计。考虑到他的“调性”，即其日常言行所表现出的开朗、直率和亲切感等，以及他经典的蛙泳姿势，我最终将IP形象设计成了青蛙的模样。

这种方法同样也适用于企业。在进行品牌推广时，为了确定“调性”，即企业独有的个性、魅力和特点，我们首先会彻底调查该企业及其业务、所处行业和市场状况等。以东京中城为例，从为什么会启动这个项目，到为什么选择六本木地区，六本木有着怎样的历史，这里住着怎样的人等等，我们尽可能地调查了所有相关信息，可以毫不夸张地讲，这其中一定有确定“调性”的线索，之后我会进行详细说明。

将时间花在“完成度”上

在确定“调性”时有几个要点，其中之一就是不要考虑太多。我常常说，在充分调查之后，开始确定“调性”时要设置一个时间限制，比如30分钟找到30个要点也好、100个要点也好，多少都可以，但一定要先确定好时间和目标。在我们Good Design公司，一般30分钟内可以找出30个要点，也就是1分钟1个。大家可能会觉得这很困难，其实并不难，因为不需要深思熟虑，所以这个节奏并不算快。

比如要确定“星期日”的“调性”，那么大家能想到哪些呢？我首先想到的是“睡懒觉”，然后是“为周一做准备”，还有“海螺小姐”……不到1分钟我就想出了这3个，大家肯定也能马上想到类似的点子，这就足够了。

项目策划也是如此。每当需要制定方案、提出创意时，大家往往会陷入长时间的沉思。其实无论是单独策划还是团队合作，都不需要考虑太多，重要的是尝试着多提出一些点子，找到大家都熟悉的东西。具体来说，就是找到处于人的浅层意识中，但还没有被焦点化的东西。

听到我刚才所举出的对于“星期日”的3个印象，应该没有人感到奇怪吧，就好像也没人会去思考为什么“啤酒”给人留下的印象是“泡沫”“金色”。通过快速抛出创意，找到大量人们认为理所当然的东西是很重要的。为什么呢？因为创意一旦让受众感到疑惑，就很难被其接受，还是那些让人觉得理所当然的设定比较好。

因此，虽然我并不否定花30分钟想1个创意的做法，但我认为想到什么就说什么能更快地接近答案。不要深思熟虑，先试着多提出一些点子，然后再缩小范围。虽然缩小范围可能需要一点时间，但这个环节最好也速战速决。

我认为，最需要花费时间的是提高输出完成度的环节，比如一个字一个字地认真制作标识，确定海报上使用的蓝色的色调，等等。最好把时间花在这些地方，因为即使花时间想出了非常好的创意，如果不重视输出完成度的话，也容易导致产品滞销、广告没有吸引力等。

我猜想苹果公司在打磨输出的过程中，一定也花费了相当长的时间。若非如此，不可能实现那么高的完成度。因此，如果今后你成了一名管理人员，或者从事企业的宣传和公关工作，需要委托创意总监、艺术总监或设计师设计，那么请尽快确定计划和方针。此外，还要留出足够的时间以提高输出的完成度，这样做出的东西才能达到理想效果。

东京中城的“调性”

那么，在进行品牌推广的实际工作中，应该如何确定“调性”呢？又该怎样发挥其作用呢？接下来，我将通过几个例子进行说明。

首先是三井不动产开发的商业设施，位于六本木地区的东京中城。中川政七商业街、TENERITA、久原本家“茅乃舍”等几家在东京中城都开有分店，我曾参与过这些店铺的品牌推广工作。其实我也参与了中城的品牌推广，负责中城和相关活动的广告制作，以及每个季节宣传活动的概念制定等工作。

东京中城于2007年开业，而我则在2008年开始参与其品牌推广，当时是负责“Tokyo Midtown DESIGN TOUCH”这一活动的广告制作。最初对方找我咨询是为了提升东京中城人气，想要进行活动推广，那时我首先考虑的也是东京中城的“调性”。

不知道年轻的各位是否还记得，进入21世纪以后，东京中心区域出现了一些商业设施，它们使得街区焕发出了新的活力。东京中城所在的六本木地区也是一样，森大厦经营的“六本木新城”于2003年开业。在丸之内地区，三菱地所的“丸大厦（丸之内大厦）”和“新丸大厦（新丸之内大厦）”分别于2002年和2007年开业。

与它们相比，东京中城的“调性”是什么？其独有的魅力、特点又是什么呢？正如我之前举例说明的那样，我在查阅各种资料的同时，也在不断地寻觅东京中城的特点，最终在我心中浮现的是其背面广阔的草坪。通过进一步调查，我发现世界主要城市基本都有大型公园，如纽约的中央公园、伦敦的海德公园等，即使不去郊外，生活在城市中的人们也可以自在地休息。

出人意料的是，日本城市中的大型公园格外少。人们常说日本人不懂得享受闲暇，我想或许这也与公园少有关吧。那么，为什么日本的公园这么少呢？可能是因为日本土地资源匮乏。或者说，比起聚集在公园这样的公共场所，人们更乐意聚集在家中……

对此我思考了很多，最终得出的结论是，因为我们不需要晒日光浴。由于纽约和伦敦的纬度高于东京，所以其日照时间较短。因此，他们为了尽可能多地沐浴阳光，建造了很多公园，还养成了晒日光浴的习惯。而日本的日照时间本就很充足，所以我们没必要特意去晒日光浴。正因如此，日本人并不那么需要公园，也没有形成在公园里放松的文化。以上就是我得出的结论。

那么，在这样的背景下，为什么最近日本各地开始建设公园了呢?大家觉得是因为什么呢?我想是因为人们开始需要一个可以悠闲地交谈、短暂地休息、与恋人共度美好时光的地方,也就是公园。当然,其他国家的民众可能也有同样的需求,但对于日本人来说,这种需求在当下越发强烈……

因此,可以说拥有广阔草坪的东京中城,是一个非常重视人们需求和感受的地方。其实,东京都相关的条例要求,必须根据建筑物的规模进行绿化。也就是说,一旦建造了一定规模的建筑物,就必须种植树木、铺设草坪,进行相应的绿化。然而,东京中城的绿化面积不仅满足相关规定的要求,甚至远远超过了。东京中城的规划绿地面积和实际绿地面积如此之大,可见其对于人们的生活环境有着充分考虑。

换言之,开发东京中城的三井不动产非常清楚在市中心建造一座大型建筑的意义。他们并没有因为市中心土地资源稀缺,就用建筑物填满每一寸规划用地,而是通过建造高楼,提高土地利用率,并在其周围营造了一个人们可以随意奔跑、放松、工作、

东京中城的草坪广场

居住的环境。这才是新型城市应有的状态，也将成为人类生活方式的典范。也就是说，那片绿地、草坪广场不仅是中城的一处景观，更是三井不动产“调性”的外现。

东京中城的“好人人设”

正如我刚才所说的，通常在策划品牌推广时，我总会先查阅各种资料，寻找“调性”的线索，之后再缩小范围，最后会认真思考“为什么”，并验证我所得出的结论。

在策划东京中城的品牌推广时，我也是这么做的。例如在2010年，我打出了“我们想成为东京中心最舒服的地方”的口号，并发起了一个名为“MIDPARK PROJECT 2010”的宣传活动。我们还提出了“与东京正中的盎然绿意相伴”这样一种生活方式，从而凸显了东京中城的“调性”。

广告撰稿人蛭田瑞穗创作的那句口号，在策划中城之后的品牌推广时，也起到了指导方针的作用。重点之一就是，“我们想成为东京中心最舒服的地方”这句话中的“想成为”。这种说法稍显含混不清，因为东京中城的确是很舒服的地方，所以我们大可以直接断定说“我们就是东京中心最舒服的地方”，可是这样就显得有点过于强势了。“想成为”这一说法给人的感觉更谦虚，显得更加“人畜无害”，有助于树立“好人人设”。

其实立好“好人人设”非常重要。对于包括广告在内的企业传播工具，我在策划时一定会采用“拟人化”的方式。在初期阶段我就会考虑一系列额外难题，比如，如果将企业视为一个人的话，他给社会大众留下怎样的印象比较好？希望被什么样的人群关注？

商业设施其实与人有很相似的地方，它们也应该有各自的特质。若是行走在潮流前线、让人感觉非常时尚的店，就是“很帅的人”。每家店的特质都不尽相同，还有“认真的人”“拼命的人”等等。

考虑到绿地、草坪广场所表现出的“调性”，可见中城的特质就是“好人”。因此，我负责的中城的所有项目都有一个共同的主旨，即立好“好人定位”。为了迎接2017年中城开业10周年，我们从2014年就开始着手的宣传活动也是如此。

“Japan Value”一词在中城开业时就被当作“愿景”提了出来，并基于“Diversity”“Hospitality”和“On The Green”这三个概念展开系列活动。这些在我参与其品牌推广之前就已经确定了，它们不仅被用作对外宣传，同时也是指引中城工作人员的“地图”，还是策划新活动时的判断标准，“因为我们定义了日本价值，所以我们要这样做”。

在东京中城迎来开业10周年之际，我们希望再次向日本以及其他国家传达这些理念。然而，每每顾及东京中城的企业传播，我就会非常在意其语言表现形式。考虑到要在日渐国际化的东京展示日本的价值，自然应该用英语进行表达，这也能突显东京中城的国际性。只是我总觉得还缺了点什么。例如，近来人们常常使用“Diversity”这个概念，但有多少人能准确地理解它的含义呢？另外，我们也难以传达这个词与中城的联系、在东京中城的具体体现。

既然要展示“Japan Value”，也就是“日本价值”，那么用日语来传达自己的目标、理念不是更好吗？这样也更符合“好人定位”……考虑到这一点后，我决定先把这些概念转换成日语，再向世界传播。

最先转换的就是我刚才提到的“Diversity”。这个词直译的话是“多样性”，但这样直译让人有些不知所云，所以我选择了“糅合”这个词。“糅合”有把两种或两种以上的东西混合在一起，从而创造出新的价值的意思，这也就是中城所追求的多样性。顺带一提，2015年的广告标语是“柔和”，这是“Hospitality”的日语版。

所谓广告宣传活动，像这样“广而告之”是很有必要的。特别是对于今后想要创业或进入企业的中枢部门、成为企业经营者的人来说，有必要好好了解一下什么是广告，因为一定会出现需要向公司员工和社会宣传自己重视什么、目标为何的情况。

拍出宇多田光的“调性”

刚刚我详细说明了东京中城这一大型商业设施的“调性”，以及基于该“调性”策划的品牌推广活动。“调性”并不仅仅是大型企业或组织才有的，正如我刚才所举的求职以及北岛康介的例子，其实个人也具备“调性”。

最近，自我营销这一概念已经越来越为大众所熟悉，我甚至认为，它是一项必备技能，只有掌握它，我们才能做好一份工作，并立足于社会，这一点在艺人和艺术家身上体现得尤为凸显。因此每当我和他们一起工作时，就会非常重视他们的“调性”。

2010年，我曾担任宇多田光的新专辑 *Utada Hikaru SINGLE COLLECTION VOL.2* 的艺术总监，当时我就非常注重她的个人特质。那是宇多田光退出歌坛前的最后一张专辑，因此话题度非常高。在她

东京中城“MIDPARK PROJECT 2010”

之前的专辑中，其视觉效果大多是基于乐曲的世界观营造的，可以说，几乎是这种视觉效果奠定了宇多田光的个人风格。

当听闻这是宇多田光从歌坛退隐前的最后一张专辑时，我就在思考，能不能如实地表现出她退隐的决心和“调性”呢？我决定拍摄她在日常生活中真实的样子，而不是简单地沿用她之前的专辑风格。

拍摄时用到的衣服都是她的私人物品，我们并没有准备服装，而是拜托她把想拍的衣服拿了过来，鞋子也是一样，几个造型都是她自己搭配的。发型也是如此，虽然我们有专业的妆发造型师，最终还是拜托经常与宇多田光合作的造型师，为她打造了适合她的自然妆发。拍摄地点位于她母亲的故乡——岩手县。她和工作人员一起乘坐大巴，一边旅行，一边拍摄。

在拍摄开始前，我给宇多田光写了一封信，向她提出了这些建议。虽说是信，我却并没有写在信纸上，而是写了一份像信一样的策划书。其实，策划书原本就与信有几分相似。我之所以这么说，是因为信大多是从问候对方“最近好吗”开始，直到最后都是一边想着对方一边写的。策划书也是如此，写的时候要有读者意识，我认为其实这就是写策划书的秘诀。让我们换位思考一下，假如我们是收信人，肯定也不想读一封与自己毫不相干的信件。我们最想读到的，还是那些以我们为诉说对象而写的东西。因此，在写策划书时，我总会优先考虑对方想听什么。

在向宇多田光提议的时候，我就格外注意这一点，最终以写信的方式写了这份策划书。我写下的第一句话就是：“我们去看星星吧。”为什么我会邀请她去看星星呢？因为“宇多田光”这个名字总会让我很自然地联想到了“宇宙”和“星星”。宇多田的“宇”就是宇宙的“宇”，“Hikaru”则是“光”的意思。说起宇宙之光、原始之光，我立刻想到的就是“星光”。虽然这个原因非常简单，但当我以这种方式提出自己的建议时，对方非常高兴地表示：“为什么我从来没有这么想过呢？”

东京中城品牌广告“糅合”

东京中城品牌广告“柔和”

出于对姓名来源和个人“调性”的重视，我特意挑选了星空的照片作为专辑封面，广告中还使用了宇多田光旅行时的照片。其实，我写给宇多田光的这份像信一样的策划书，也属于前文中讲过的共享“地图”，我在这份策划书中确定了今后我们前进的方向。

极致的展示不需要刻意

因为刚刚提到了策划书，那么我就顺便以真实的策划书为例，和大家详细地谈谈展示吧。

从2012年起，我开始参与久原本家旗下的品牌“茅乃舍”的推广工作，大家现在看到的就是当时我为他们设计的标识。对烹饪感兴趣的人应该知道，久原本家是一家主营博多风味、很重视自然调料的食品企业，旗下有以不使用化学调料和防腐剂而闻名的“茅乃舍”、制造销售优质辣味明太子的“椒房庵”等。

该公司创始于1893年，总部位于日本福冈县，其原本是一家专门酿造酱油的小作坊。从20世纪80年代开始，该公司运用在酿造酱油的过程中所积累的知识，开始制作酱汁、汤汁以及辣味明太子等。在这样的背景下，为了推广注重选用应季食材的理念，传承饮食文化，久原本家于2005年开设了讲究自然饮食的“茅乃舍餐厅”，并开始经营汤汁等产品的邮购业务。就这样，“茅乃舍”这一品牌逐渐深入人心。

目前在全日本大受欢迎的“茅乃舍汤汁”，最初只能在总店购买或邮购。或许是人们了解到了“茅乃舍”对于食材十分讲究，随着他们的口耳相传，这一品牌越来越火，全日本各地的百货商场和商业设施相继传出了开店的消息。此外，久原本家旗下其他品牌的业绩也很好，销售额都在不断增长。2014年，久原本家集团的年销售额超过了130亿日元。

由于成长过快，每个品牌的业务都变得错综复杂，亟待梳理。因此，他们委托我明确各个品牌的

宇多田光 *Utada Hikaru SINGLE COLLECTION VOL.2* 的实物（左下）和广告（其他）

宇多田光 *Utada Hikaru SINGLE COLLECTION VOL.2* 海报

定位，从而能够更好地发挥品牌的力量。在我梳理品牌的时候，首先做的就是对各个品牌进行调查。我参观了久原本家下属的机构和店铺，试用了他们的产品，且一如既往地查阅了许多相关资料和文献。我还多次详细询问了河边哲司社长及工作人员的意见，同时也向他们表明了我自己的所思所想，最后进行了反复讨论。这一系列工作大致花费了我 10 个月左右的时间。

在此期间，我们考虑了各种问题，并验证了我们所能想到的一切，包括每个品牌应该基于怎样的理念，成为什么样的品牌，朝着什么方向发展，等等。这一切工作的核心成果之一，就是 2013 年 6 月我制定的“茅乃舍”策划案。

首先我想强调一下，在这个策划案中，我并没有详细说明前期的准备工作。如果是普通的展示，我一般会按照顺序解释我的想法，包括这个品牌的“调性”是什么，制定策划案的基础和前提等。然而，由于此前我与客户之间已经存在长达 10 个月的沟通交流，因此在这些方面我们早已达成共识了。

从某种意义上说，这是一个不断接近理想的过程。我认为极致的展示是不需要太刻意的，与其在有限的时间里互相试探，倒不如多多促膝长谈，这样对彼此都有好处。只是要做到这一点，需要花费大量的时间。有时年轻人会向我抱怨：“客户看不到我的方案的优点。”面对这种情况，我们既不能强行推进，也不能马上给出结论，最好是再多花些时间与顾客沟通。通过好好交流沟通达到互相理解，这比什么都重要。

越是认为正确，表达越要慎重

我也是经历了这样的过程，才顺利完成了“茅乃舍”策划案的展示。接下来，让我们按照顺序一同看一下策划书吧。第1张是封面，翻开它后，第2张到第5张的内容如下：

“前段时间真的很抱歉。”

“已经没事了。”

“不过，偶尔生病也不见得是一件坏事。”

“在病床上，我想到了一个好主意。”

说来惭愧，就在将要展示的一个月前，因身体不适，我在医院住了整整一个星期，还因此取消了会议。由于给客户添了麻烦，所以我的展示是从道歉开始的。不过在医院里我也没有闲着，正是因为身体不能动，大脑反而会想得更多。在这个过程中，我把之前调查到的东西都整理好了，并在此基础上进行了进一步的验证和准备，最终完成了这份策划案。

接下来，从第6张开始就进入正题了。

“我的建议”

“要不要设计一个标识？”

其实那时客户并没有委托我设计一个新标识。

不仅如此，那天本来只安排了开会，并没有进行方案展示的计划。简而言之，这个建议是我擅自提出的，因为我认为最好设计一个新标识。

这也是因为在这10个月中经过多次商谈，我对于久原本家的了解越发深入，也就越来越喜欢这家公司了。我觉得他们生产产品时的诚实认真、面对顾客时的礼貌谦逊以及不懈努力的企业风气很值得尊敬，而且每种产品真的很好吃。包括河边社长在内，这家公司的职员们都很有人格魅力，他们的人品令我着迷。因此，我又一次忍不住多管闲事。

虽然久原本家只要保持现在的状态就很棒，但我觉得他们可以做得更棒。如何才能将他们不为人知的魅力传达给社会大众呢……这些问题不断地在我的脑海中打转。正如刚刚所说，没想到住院后我的时间多了起来，即使躺在病床上，我也一直在思考这些问题。

特别是“茅乃舍”这个品牌，在当时的品牌中显得格外质朴低调，这一设计确实很好地体现了他们讲究真材实料的诚实品质。我认为，“茅乃舍”

茅乃舍
策划案

1

前段时间真的很抱歉。

2

已经没事了。

3

不过，偶尔生病也不见得是一件坏事。

4

在病床上，我想到了一个好主意。

5

我的建议

6

要不要设计一个标识?

7

标识

8

最大的竞争力就是其优质美味的产品。正是因为他们的产品不仅不添加化学调料和防腐剂，而且非常美味，所以回头客才会越来越多。我想让更多的人知道这一点，因此需要改进他们的标识和设计，使其更具简约美。出于这样的考虑，我在出院后就进行了设计，并像往常一样尝试了各种可能性，最终得到了这个自主展示的成果。

我想，对于我突然提出的建议，当时在座的各位，包括河边社长在内，一定都感到十分惊讶吧。然而，他们似乎都能理解我，很快就认真地听了起来……

“标识”

“标识可分为两大类：A. 文字标识 B. 抽象标识”

“文字标识是指公司名称（logo 型）等，或者是符号化的文字。”

“抽象标识是指装饰图、星星、动物等非文字标识。两者都可以作为企业、品牌等的象征。”

接下来从第 8 张开始，具体阐释了标识究竟是标识可分为两大类：
A. 文字标识
B. 抽象标识

9

文字标识是指公司名称（logo 型）等，或者是符号化的文字。

10

抽象标识是指装饰图、星星、动物等非文字标识。两者都可以作为企业、品牌等的象征。

11

迄今为止“茅乃舍”使用的抽象标识。

12

什么。我们在日常生活中也常常使用“标识”一词，但是在设计语境中该词是一个专业术语，使用时需要特别注意。客户虽然是经营管理领域的专业人士，但并非设计领域的专业人士。就算大家都听说过，各自的理解也可能与策划人的理解有出入。就算只是一些细微的差别，也可能导致无法准确地传达自己的意思。因此，有必要好好确认一下关键词。

其实，很多设计师也不是很清楚“文字标识”和“抽象标识”的区别。正如我策划书中所写的那样，文字标识是指带有“文字”，也就是“logo 型”的标识。索尼、松下、富士通等企业的标识就是其中的典型例子。除此之外，以我经手的项目为例，NTT DoCoMo 的“iD”也属于这种标识。抽象标识则是指由图画和符号组成的标识，举一个简单易懂的例子，雅马哈的标识是由三个调音音叉组合在一起构成的，它就属于抽象标识。

那么，茅乃舍的标识是什么呢？在此之前，除了“茅乃舍”这个文字标识外，他们将使用形似房子的插画用作抽象标识。随着业态的变化以及企业规模的扩大，考虑到品牌今后的发展，我觉得以前的抽象标识很难传达茅乃舍对于真材实料的讲究及其远大的志向。

因此，在展示了迄今为止茅乃舍使用的抽象标识后，我阐释了更改标识的必要性，“从目前的业态和企业规模来看，这个标识是很不错的。考虑到茅乃舍今后的发展，最好提升一下标识的质感”。

在提出修改建议时，一定要特别注意表达方式。一旦措辞不当，听起来就像是在否定对方。即使提出的建议绝对正确，也不能因此就不讲究说话方式。甚至可以说，越是认为正确的事情，就越要慎重地表达。因为不论你的建议多么正确，只要对方觉得自己“被否定了”，就没有心情继续听你讲下去了。为了避免发生这种情况，我们一定要特别注意表达方式。

为了以防万一，我还是得强调一下，这并不是说要用一种讨人喜欢的说话方式来拉拢对方。归根结底，这一切其实是为了避免他人的误解。因此最重要的是，首先要把对方的优点和自己认为正确的

从目前的业态和企业规模来看，
这个标识是很不错的。

14

考虑到茅乃舍今后的发展，
最好提升一下标识的质感。

15

我想过了。

16

久原本家一脉相承的理念。

17

真材实料

18

正因如此才能做到无添加、
无香料。

19

从今以后，我们要做到更诚
实、更真实，价格尽可能便宜，
配方尽可能简单。

20

部分好好表达出来。比如说，“从目前的业态和企业规模来看，这个标识是很不错的”，这句话就起到了上述作用。我想，正是因为我先表明了这一点，大家才愿意仔细听我讲下一部分，即如何改变才能更好。

品牌推广就是外观设计管理

在此基础上，我开始向他们说明我对新抽象标识的构想。首先，我用第16张到第20张幻灯片展示了总公司久原本家的企业理念。

“我想过了。”

“久原本家一脉相承的理念。”

“真材实料。”

“正因如此才能做到无添加、无香料。”

“从今以后，我们要做到更诚实、更真实，价格尽可能便宜，配方尽可能简单。”

然后，从第21张开始，我解释了基于企业理念设计新标识的意义。

“正题”

“在8年前的9月2日，茅乃舍总店开业了。”

“社长很高兴地向我讲述了当时的事情。”

“那时我们筹备开业十分辛苦，好不容易才顺利开业。当天夜晚刚好有一轮满月居于山间。”

“那时他看起来非常高兴。”

其实这是久原本家的河边社长告诉我的。为了保护当地的食材，将饮食文化传给后世，他于2005年的9月2日创立了“茅乃舍”餐厅，恰好当晚是满月。在过去，这可以说是一个祥瑞之兆，河边社长也认为这很难得，他似乎由此感受到了命运的感召。那轮“月亮”是社长的想法和价值观，乃至“调性”的象征。

正题

在8年前的9月2日，
茅乃舍总店开业了。

社长很高兴地向我
讲述了当时的事情。

那时我们筹备开业十分辛苦，
好不容易才顺利开业。
当天夜晚刚好有一轮满月居于山间。

那时他看起来非常高兴。

25

茅乃舍和久原本社之间
有一座神社。

26

伊野天照皇大神宫。

27

你知道里面供奉着什么吗?

28

据说和伊势神宫一样，
供奉着天照大神。

29

月亮和太阳。

30

茅乃舍竟然同时
被月亮和太阳守护着。

31

这个想法简直太棒了。（笑）

32

接下来，从第 26 张开始，我将焦点会聚在“茅乃舍”的选址上，并指出了另一个具有象征意义的事物。

“茅乃舍和久原本社之间有一座神社。”

“伊野天照皇大神宫”

“你知道里面供奉着什么吗？”

“据说和伊势神宫一样，供奉着天照大神。”

久原本家总部和“茅乃舍”餐厅的直线距离不到两公里，它们正中间恰好有一座名为伊野天照皇大神宫的神社，该神社被誉为“九州的伊势”，有着悠久的历史。与伊势神宫一样，那里供奉的也是掌管太阳的天照大神。据《日本书纪》和《古事记》记载，天照大神藏在“天之岩户”后，整个世界都被黑暗笼罩了。可以说，茅乃舍诞生于被太阳神守护的地方。也就是说，对于茅乃舍来说，“太阳”象征着地理上、地域上的“特质”。以此为前提，让我们一起看一下第 30 张幻灯片。

“月亮和太阳”

“茅乃舍竟然同时被月亮和太阳守护着。”

“这个想法简直太棒了。”（笑）

正如我刚才所说，一直以来久原本家都十分讲究“真材实料”。也是基于这种理念，“茅乃舍”这个品牌开始致力于珍爱大自然、重视当地文化的事业。河边社长所讲的满月逸闻正是珍爱大自然的体现，伊野天照皇大神宫也是当地文化的象征。从这个意义上来说，“月亮和太阳”这组具有象征意义的事物值得我们关注。

因此，我在第 32 张幻灯片上写了“这个想法简直太棒了”，这并不是在牵强附会。河边社长本身就是一位非常珍爱大自然、重视当地文化的人，所以想必他对于我写的“被月亮和太阳守护着”这句话很有共鸣。然而，像我这样的人说出“被守护”一词，总觉得有点不合适，或者说有点害羞……因此，我插入了这句话，以调节现场气氛。

解释清楚我的想法之后，从第 34 张幻灯片开始，终于进入了新抽象标识的设计展示阶段。接着从第 35 张开始，我展示了实际使用这个标识的参考图，包括运用在纸袋设计、团扇设计上等等。

我所展示的例子不仅是给现有的工具和设备印上标记，还包括对新工具和外观设计的建议。比如说，久原本家的起点是酱油作坊，那么不妨让店员穿上围裙，为店铺装点上大的条幅和灯笼，等等。

制作合适的标识当然很重要，但如何使用它也非常重要。在前文中我说过，打造品牌就像是在河滩上堆石头。在谈到重新设计中川政七商店的纸箱时，我就曾说过，品牌推广就是外观设计管理。

好不容易做出了能够象征“调性”的标识，如果使用不当的话，也不能很好地塑造品牌。因此我在示例中展示了一些可能的方向，并与大家一同探讨。

从第 43 张幻灯片开始，我进一步阐释了这个标识所蕴含的含义。

33

34

35

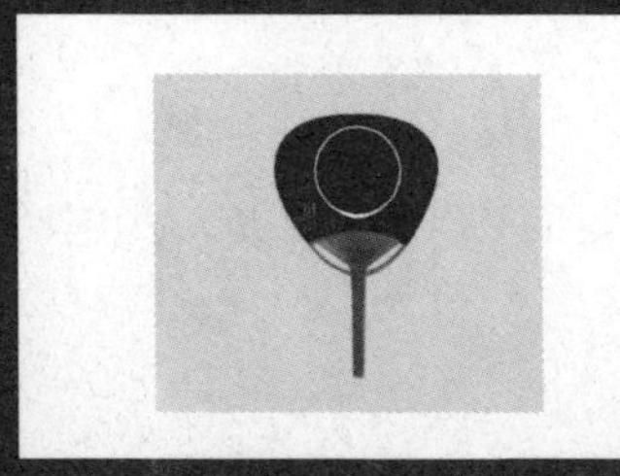

36

37

38

39

40

41

42

这个标识蕴含着丰富的含义。

43

月亮和太阳

44

日食

45

有一种说法认为，
天照大神藏在天之岩户的
故事起源于日食。

46

当时为了让躲藏起来的天照
大神现身，其他诸神在天之
岩户外准备了许多美食，并
一边奏乐一边跳舞。

47

伊势神宫的外宫供奉着
食物之神。

48

“这个标识蕴含着丰富的含义。”

“月亮和太阳”

“日食”

“有一种说法认为，天照大神藏在天之岩户的故事起源于日食。”

“当时为了让躲藏起来的天照大神现身，其他诸神在天之岩户外准备了许多美食，并一边奏乐一边跳舞。”

“伊势神宫的外宫供奉着食物之神。”

我在前面已经解释过了“月亮和太阳”这一含义。除此之外，这个标识还蕴含着许多含义，其中之一就是“日食”。据说“天照大神藏在天之岩户”的故事就起源于日食。正如我刚才所说，为了让天照大神出来，其他诸神开始在天之岩户外品尝美食、唱歌跳舞。此外，伊势神宫不仅在内宫供奉着天照大神，而且在外宫供奉着掌管食物的丰受大神。由此可见，这个标识与食物也存在联系。

“还有一个含义。”

“在禅宗中……”

“圆相”

“圆相是指①圆形。②在禅宗中，作为开悟的象征而描绘的圆轮。一圆相。③笼罩曼荼罗诸尊全身的圆轮。④（京五山僧语）一贯钱。（《广辞苑》第六版第336页）”

“它象征着整个世界。”

如果把这个标识理解为圆的话，还能解读出更多的含义。从第49张开始，我将借用禅语来说明这一点。所谓“圆相”，在禅宗中就意味着开悟，代表着一个和谐的世界。据说禅僧为了表明自己已经开悟，会一笔画出圆圈。为了能够眺望到理想之国，京都等地的禅寺还会把书院的窗户设计成圆形。这样说虽然有些抽象，其实这个标识还象征着“世界”。

接下来是第54张到第56张。

还有一个含义。

49

在禅宗中……

50

圆相

51

圆相是指①圆形。②在禅宗中，作为开悟的象征而描绘的圆轮。一圆相。③笼罩曼荼罗诸尊全身的圆轮。④（京五山僧语）一贯钱。（《广辞苑》第六版第336页）

52

它象征着整个世界。

53

最后

54

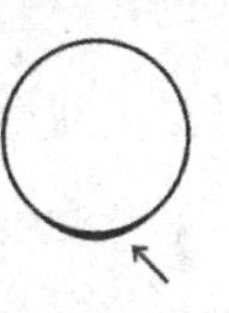

55

酱油（汤汁）

56

“最后”

“酱油（汤汁）”

最后，我对该标识所隐含的情调进行了解读。虽然我一直在强调这是个圆，但仔细一看就会发现，其实这个标识不是一个简单的圆。其下方微微有些凸起，给人一种液体滴落的印象，会让人联想到酱油、汤汁等，表现了茅乃舍独有的“情调”（企业、产品等的魅力和价值）。可以说，这就是这个标识的“亮点”，因此我将其放在了最后展示。

说到以社长为首的客户们的反应，正如我刚开始所说的那样，尽管这个新标识的方案是我突然提出的，但是大家都认真地倾听了我的想法，更让我意外的是，他们当场便决定采用这个标识。

之后，新标识经过反复调整，包括确认使用方式、检查颜色的细微差异、研究印刷方法等，终于在8个月后，被印在了包装和纸袋上，并摆放在店铺门口。

客户关心的是基于数据得出的结论

这份策划书一共有 56 页，如果只看页数的话，可能会觉得内容很多。其实有好几页都是只写了一个词，如“正题”等。如果要把全文汇总在一起的话，大概只需 4 ~ 5 张 A4 纸。如果采取连环画式的讲解方式，大概 10 分钟就能讲完。

当然，这只是我个人的做法。许多广告公司在展示时提供的策划书等资料，虽然与我的页数差不多，但内容十分繁杂，密密麻麻地写着各种信息。这种策划书上都会写些什么呢？基本都是数据，用来表明决策背后的数据支撑。

不过，我不会在策划书里放数据。我认为，即使我不说，客户也非常了解那些数据。他们真正关心的，是我基于数据得出的最终结论。

假设我委托设计师为 good design company 做一个文字标识，为此他针对我们公司的形象进行了市场调查，最终会得到一个数据结果。我认为无论是谁去做市场调查，最终得到的结果应该都是差不多的。如果有自己独特的切入点的话，可能会有一些不同的结果。然而，作为委托方，我想知道的是："基于这些数据，你有什么建议呢？"因此，我认为策划书要尽量做得简约一些，把自己的想法认真地写出来，并传达给对方就行了。从这个意义上讲，我做的那种连环画式的 PPT 也不错，也会更有效率。

我在展示的时候，会很坦然地表达自己的想法。和宇多田光一起工作的时候，我一般会事先请她看一下策划书，然后在面对面讲解的时候，我会一边读策划书的内容，一边与她沟通。不论是展示标识方案，还是探讨品牌推广方针，我的做法基本都是一样的。我总是会询问对方有没有不满意的地方，或者想要添加的东西，希望对方能够参与到讨论中来，多多发表自己的意见。

没错，我这样做与其说是建议，不如说是讨论，至少我不会迫使对方做出任何决定。刚才给大家看的茅乃舍策划书的第 16 页上写着"我想过了"，我在展示时的状态大概就是这种感觉。总之，这无须什么技巧，只是正常讲话而已。

如果要问有什么诀窍的话，那就是“不要想超常发挥”。当一个人想要超常发挥时，他就会紧张，一紧张就无法正常说话，这就会导致不能很好地传达自己的想法。就像是在卡拉 OK 唱歌时，如果想“唱得好听”，自己就会变得紧张，反而会跑调。做展示时，千万不要想着自己一定要讲得好、做得好。归根结底，我们不过是要把自己认真思考过的事情传达给别人，这样想往往能够很好地完成展示。

我再强调一遍，策划书就像是给客户的一封信。因此，我会特意把策划书打印出来，还会使用小说、报纸等读物中常见的明朝体。在客户面前像读绘本一样讲话，大家可能会感到不太习惯。如果你不把这当作正式的展示，而将其视为“把信交给对方的过程”，应该就能理解我的做法了。

如何让设计成为自己的撒手锏

我在前文中主要讲解了品牌的必要性和打造方法等。大家觉得怎么样？为什么在今后工作时要融入设计视角，为什么要有品牌才能打造“爆款”，这些问题大家都明白了吗？

最后，我再用三句话总结一下本文的要点。

第一，“所谓品味，就是在知识储备的基础上进行优化的能力”。在前文中我已经说过很多次了，在此就不再赘述了。一旦被别人评价为“品味不好”，很多人都会感到十分苦恼，认为自己不了解这个领域，因此也无法很好地反驳回去。其实这只是一种误解，因为品味是指在知识储备的基础上进行优化的能力，是不能用“好”“差”来评判的，也不是一部分人与生俱来的才能。只要有一定的知识储备就能做到优化，而且，只要努力就能够积累知识。所以品味是可以通过努力拥有的。

第二，“不以立异惊天下”。一言以蔽之，这是对“差异化”的误解。进入社会后你就会发现，不论是产品销售也好、开发也好，只需要提出新的方案、新的创意，就会被要求“必须要做出差异化”。因为不能出售和对家完全一样的产品，所以确实需要差异化。不知为何，我们往往会认为必须要创造出让人大吃一惊的东西。其实，我们不能以此为目标。因为“让人大吃一惊”的东西，一般都不被世人所接受。

假设我们需要设计一把具有差异化的椅子，如果最终制作出的椅子不能坐，那么就是没有意义的。只要你能够冷静地思考一下，就会明白这一点。当你开始考虑差异化时，往往就会做出一些类似的事情。其实在保持其实用价值的前提下，只要稍微有一点不同就可以了。从这个意义上说，“不以立异惊天下”。

第三，“品牌寓于细节之处”。正如我刚才所说，打造品牌就像是在河滩上堆石头。产品、包装、广告、店铺……都是其中的一块石头，也就是企业的输出。

品牌推广就是指“对所有输出的控制管理”，所以即使只有一块“石头”的外观不合适，这个品牌也是失败的。

例如，这个教室钟表下面贴着的那张告示，那样设计、那个位置真的没有问题吗？控制教室电灯的开关那样设计可以吗？选择那家产品没问题吗？如果你想把一个品牌做好，你必须要注意到很多细节，而品牌正是寓于那些细节之处。而且我也多次提到过，设计时不能以自己的喜好为准，要坚持选择最优设计。更确切地说，我们要立足于企业的目的和抱负，从社会性视角来打造品牌。这也就是在现在这个时代，把设计作为撒手锏的内在含义。

正如我在前文中所说的那样，目前负责整体规划的创意总监或创意顾问的职位仍有很多空缺。明明是左右企业命运的重要职位，明明企业有着极大的需求，却几乎没有能够独当一面的人才。所以，如果在不久的将来，这个教室中能够出现和我一样致力于这项工作的人，我会感到非常高兴。不，我更希望你们中能出现像史蒂夫·乔布斯这样优秀的企业经营者，通过与我这样的创意总监合作，或者自己熟练运用设计，从而收获成功。

作者相关作品著作权

东京中城 草坪广场

PH：Moto Uehara、阪野贵也

东京中城管理“OPEN THE PARK 2010”2010年/交通广告

CD、AD：水野学 D：good design company C：蛭田瑞穗 PR：水野由纪子、井上喜美子

东京中城管理“糅合”2014年，“柔和”2015年/交通广告、馆内广告

CD、AD：水野学 D：大作皋纪、柿畑辰伍 C：蛭田瑞穗、森由里佳 PH：本城直季 PR：井上喜美子

Universal Music LLC 宇多田光“Utada Hikaru SINGLE COLLECTION VOL.2”2010年，CD、AD：水野学 D：good design company PH：藤井保

HM：稻垣亮弐 外景协调：小林伸次 PR：水野由纪子、井上喜美子

后记

在《设计的力量》这本书中，我主要通过列举最近的案例，说明了将目标从“产品”转变为“爆品”的重要性。我绝不是这几年才强烈地意识到“爆品”的重要性的。设计委托方不懂设计，接受委托的设计师不懂商业——我从一开始就发觉，这一条巨大的鸿沟就是导致产品“滞销”的主要原因。对我来说，如何在这条鸿沟上架起桥梁，打造出“爆款”产品，一直是重要的课题之一。

本书的主题就是品牌推广。2004 年，我在给一家名为“龟屋”的旅馆做品牌推广时，第一次感觉自己顺利地在这条鸿沟上架起了一座桥。这家老字号旅馆位于山形县汤野滨温泉附近，是在日本经济高速发展期创建的，该店当时面临的问题就是如何保持开房率。因为这家店离海水浴场很近，所以在包括夏天在内的旺季，会有很多旅客来访，很是热闹，但这种状态并不会持续一年。恰好我在负责另一个项目时与他们有过交集，因此对方找我咨询，提出想要打广告宣传一下。

当时我是反对打广告的。的确，如果支出一定的费用去打广告，顾客应该会有所增加，不过那毕竟是暂时的。对于当时长期面临着经营问题的他们来说，广告推销并不能从根本上解决问题。我认为解决问题的关键是，成为让人“想去看看”的地方，要想做到这一点，就必须对该旅馆本身进行改造，使其具备“畅销”的魅力。

于是，我提出了这样一个方案：使用与广告费相同的预算，将旅馆一楼全部重新设计装修成时尚风格。在征得他们的同意后，我在专家的帮助下，负责把控设计的总方向，对空间、家具乃至摆件都做了改造。最终效果很好，设计感极强的独特空间备受瞩目，再加上只改造一楼的尝试在当时非常少见，各种媒体争相报道，一时成了热点话题，来自首都圈、以年轻女性为主的顾客大幅度增加。

可以说，这是我第一次为了实现“畅销”，从设计角度整体把控，进行品牌推广的实践。虽然这已经是十多年前的事了，但基本的思维方式和推进方法与现在几乎没有区别。正如我反复强调的那样，之所以能够顺利地建立起与客户之间的桥梁，是因为我们形成了平等的合作关系，而这种关系的基础，就是客户对于我们设计的理解。

最后我想补充一点，其实这个项目教会我的是“设计师需要具备某种觉悟”。什么觉悟呢？就是要“坚持做正确的事”。受限于甲方和乙方的关系，我们往往倾向于满足客户的要求，如果想要成为合作伙伴的话，就必须指出你觉得不对的地方。提出反对意见的话，有可能会被对方讨厌，甚至也有可能因此失去工作。即便如此，你也能毫不畏惧地说出你认为“正确”的事情吗？这种觉悟正是设计师和创意总监所需要的。

当然，这种“正确”不能是自以为是或心血来潮。提案内容也必须是为了实现客户的愿望，而不是为了获奖、营销自己或出于个人喜好等。从这个意义上讲，你是否还能“坚持做正确的事”呢？反过来说，我坚信我们应该全心全意为客户服务，验证所有的可能性。我应该尽我最大的努力，去调查、思考和验证所有的环节，我所给出的策划必须是我竭尽所能得到的最优解。要想成为合作伙伴，就需要有这样的觉悟。

我一直都是怀着这样的觉悟工作的，有让客户非常高兴的时候，也有很多尴尬的时候，还曾留有不少遗憾。即便如此，我现在还是觉得坚持“做正确的事”真是太好了。我经常和员工说，我不会背叛我的工作，只要好好做“正确的事情”，一定有人能够看到我。正是因为相信这一点，所以我希望从事设计的人都能怀有这一觉悟，拿出自己的自尊心和勇气投入到每天的工作中去。而且，我也绝不会自以为是。实现委托人的愿望，做出可喜的成绩将是我永恒的追求。

最后，首先要感谢诚文堂新光社的三岛康次郎先生，他不仅给了我这样一个珍贵的出版机会，而且在制作方面给了我很多宝贵的建议。另外，我还要特别感谢庆应义塾大学允许我将尚未公开的讲义收录到本书当中。

此外，从炎热的9月中旬到寒冷的隆冬1月，图书策划人兼编辑松永光弘先生和撰稿人高岛知子女士每周都会来藤泽校区听我的讲座。特别是松永先生把我的讲义整理得很好，结构完整、通俗易懂，并且每次讨论都会给我许多新的启发。感激之情，无以言表。

还要感谢山中俊治先生和坂井直树先生，是他们给了我在庆应义塾大学讲课的机会，也多亏了他们，让我进入了一片新天地。此外，各位客户、工作伙伴、帮助制作讲义资料的工作人员以及在书籍编写和出版过程中给予大力支持的各位朋友，多亏了你们的帮助，本书才得以完成。借此机会，深表谢意。

最后，我要向我的妻子由纪子和我的儿子致以由衷的感谢。从本书的策划和构成，到细微之处的调整和校对等工作的顺利完成，都要感谢由纪子的认真负责。由于我忙于工作，陪伴儿子的时间减少了，但他毫无怨言地支持我，睡觉前还会给我写信，让我十分感动。谢谢你们一直以来的包容和陪伴。

图书在版编目（CIP）数据

设计的力量 / (日) 水野学著 ; 牛晨雨译. -- 北京:
北京联合出版公司, 2021.11
ISBN 978-7-5596-5616-2

Ⅰ. ①设… Ⅱ. ①水… ②牛… Ⅲ. ①产品设计 – 研
究 Ⅳ. ①TB472

中国版本图书馆CIP数据核字(2021)第205359号

北京市版权局著作权合同登记 图字：01-2021-5091

设计的力量

作　　者：（日）水野学
译　　者：牛晨雨
出 品 人：赵红仕
责任编辑：牛炜征
封面设计：柒拾叁号

北京联合出版公司出版
（北京市西城区德外大街 83 号楼 9 层　100088）
北京时代华语国际传媒股份有限公司发行
唐山富达印务有限公司印刷　新华书店经销
字数 80 千字　787毫米 × 1092毫米　1/32　6.25印张
2021年11月第1版　2021年11月第1次印刷
ISBN 978-7-5596-5616-2
定价：42.00元